建筑学专业 SketchUp + V-Ray 实用教程

主编◎冯 华 赵 邯 沈 宁

参编◎朱 笛 张雅琳

The SketchUp + V-Ray Practical

Course of Architecture

北京理工大学出版社
BEIJING INSTITUTE OF TECHNOLOGY PRESS

图书在版编目（CIP）数据

建筑学专业 SketchUp + V-Ray 实用教程 / 冯华，赵邯，沈宁主编. —北京：北京理工大学出版社，2018.1
　　ISBN 978-7-5682-5201-0

Ⅰ. ①建…　Ⅱ. ①冯…②赵…③沈…　Ⅲ. ①建筑设计–计算机辅助设计–应用软件–教材　Ⅳ. ①TU201.4

中国版本图书馆 CIP 数据核字（2018）第 009383 号

出版发行 / 北京理工大学出版社有限责任公司			
社　　址 / 北京市海淀区中关村南大街 5 号			
邮　　编 / 100081			
电　　话 / （010）68914775（总编室）			
（010）82562903（教材售后服务热线）			
（010）68948351（其他图书服务热线）			
网　　址 / http://www.bitpress.com.cn			
经　　销 / 全国各地新华书店			
印　　刷 / 保定市中画美凯印刷有限公司			
开　　本 / 710 毫米×1000 毫米　1/16			
印　　张 / 13.75		责任编辑 / 钟　博	
字　　数 / 202 千字		文案编辑 / 钟　博	
版　　次 / 2018 年 1 月第 1 版　2018 年 1 月第 1 次印刷		责任校对 / 周瑞红	
定　　价 / 42.00 元		责任印制 / 王美丽	

前　言

1. 关于 SketchUp 的说明

SketchUp 软件的中文名称是"草图大师"，人们通常称之为 SU 或者 SKP。该软件是 Last Software 公司开发的一套简单易用的 3D 建模软件。2006 年，Google 公司收购了该软件。收购后，Google 公司将 SU 软件加入了谷歌地图的相关功能。2012 年，Trimble Navigation 公司收购了相关业务。

SketchUp 软件的独特之处在于简洁的操作界面和灵活的设计手法。这些能够让初学者在短短几周内就可以掌握较好的模型制作技巧。该软件虽然精细程度不如 3D 软件，但是功能也足够强大，适合建筑、规划、景观和室内等专业使用。该软件不但便于进行快速的方案设计，还能配合其他软件形成较好的表现效果。

SketchUp 是基于三坐标轴下的矢量设计软件，但其制作却很少采用 CAD 式的三坐标输入形式，而更多的是采用空间捕捉或结合坐标输入的形式。这带来了便捷，提高了效率，但也常常给新手带来困扰。

2. 关于 V-Ray 的说明

V-Ray 软件作为业内较受欢迎的渲染引擎，为不同领域的优秀 3D 建模软件提供了高质量渲染功能。该软件由 chaosgroup 公司和 asgvis 公司出品，在中国由曼恒公司负责推广。该软件是一款高质量渲染软件，可渲染各种图片。

V-Ray 软件的独特之处是可实现照片级真实性再现效果，特别是在阴影表现上效果尤为突出，适用于室内、建筑、外观、建筑动画等专业的效果表现，同时可根据实际情况设定调控参数值，进一步高效自由地控制渲染质量与速度。由于 V-Ray 具有灵活性好、易用性强等特点，以及在焦散处理上的优势，其在 SketchUp 平台上较其他渲染软件使用起来更加便捷。

V-Ray 是结合了光线跟踪和光能传递的渲染器，为模型创建真实光照提供了计算方面的帮助。

3. 编写出发点

SketchUp 和 V-Ray 是建筑学专业常用的设计和表现软件。每年，市面上有很多教材会针对软件的最新改进或功能进行讲解。但是，这些教材大多是泛泛的软件使用技巧指导，缺少对建筑学专业使用特点和教学的针对性。

本书要求读者了解一定的 SketchUp 和 V-Ray 软件的基本知识并具有一定的操作能力，以便更好地进行相关知识的学习。

本书从建筑学专业的角度出发，在讲解建筑设计中常用的工具与技巧的同时，结合建筑学专业的学习特点、专业结构和课程设置特点进行分析。本书将建筑设计背景、建筑构造与建筑表现进行结合，以满足读者对建筑设计与建造的认识。本书体现了 SketchUp 和 V-Ray 作为专业设计和表现软件的特殊用途。

4. 关于软件版本的说明

本书使用的示例软件为 Google SketchUp 8.0 专业版和 V-Ray 2.0 渲染器。由于 SketchUp 软件与 V-Ray 2.0 渲染器的基础操作并不随着版本的更新而变化，所以并不影响本书重点章节的讲解。需要说明的是，新版本有着越来越多的插件及便捷功能，这需要读者在将来的学习中发掘。

5. 针对专业及人群

本书针对建筑学专业的软件使用特点而编写，着力体现建筑学专业从业人员或学生的操作特点。

6. 本书内容

本书一共分为三个部分。第一部分讲解 SketchUp 软件的基础知识和操作技巧，包括第一章、第二章。第二部分详细讲解萨沃伊模型的制作过程，包括第三章、第四章、第五章。第三部分讲解 V-Ray 软件的使用技巧和模型的后期制作和输出，包括第六章、第七章、第八章。

以下为八个章节的介绍：

第一章　基础绘图工具，主要介绍 SketchUp 软件的基本型绘制、编辑工具和剖切工具。

第二章　进阶工具，主要讲解 SketchUp 软件的图元信息、组与组件、材质、图层、柔化边线、阴影、场景等。

第三章　建模前的准备，介绍了萨沃伊别墅的设计者和别墅的时代背景，讲解模型制作前需要准备的 CAD 图纸内容以及相关的数据、图片及文字信息。

第四章　模型结构的制作，主要从建筑结构上进行模型制作，重点讲解相关实用技巧。

第五章　模型细节的制作，主要从建筑细部和建筑构件上进行模型的精细制作和加工，并讲授相关操作技巧。

第六章　V-Ray 渲染，主要讲解模型制作完成后，通过 V-Ray 渲染器进行出图效果设定与调试的方法。

第七章　V-Ray 后期输出，主要介绍通过各种形式的输出需要达到的设计或表现效果。

第八章　V-Ray 模型渲染效果赏析与参考角度，给出几个建筑表现角度，以供学习交流之用。

7. 作者语

本书由冯华、赵邯、沈宁担任主编，参加编写的还有朱笛、张雅琳。冯华负责编写第一、二、三、四、五、七章；沈宁负责建筑结构解读，并参与编写第四、第五章；赵邯负责 V-Ray 后期渲染与输出，并编写第六、第八章，同时参与编写第七章；张雅琳负责模型制作并参与编写第五章；朱笛负责建筑结构解读工作，并参与编写第五章部分内容。由于编者能力有限，书中不详、遗漏或错误之处在所难免，有待读者指正，以便在以后的版本中修正。

希望读者能将改进意见和建议反馈给编写团队，不胜感谢。

目　录

第一章　基础绘图工具

本章节介绍了基本型绘制工具（图 1–0）、编辑工具和截平面工具三大类、15 组工具，而测量文本工具和视窗工具属于基本工具的应用，所以不在本书范围之内。本章节所介绍的基本型绘制工具、编辑工具和截平面工具是模型制作的基本技巧，应熟练掌握。

本章重点：应熟练使用快捷键操作，并能够根据具体的绘图情况采用合理的快捷键搭配，同时应熟练各种工具的多种操作技巧。

图 1–0　基本型绘制工具

基本概念：SketchUp 参照几何学中点、线、面、体的概念，根据软件特性进行相应的设置。SketchUp 中，最基本的操作单元只有点、线、面三种形式。点，既是实体点，也是控制点。线，是由控制点和线段长度组成的基本型（图 1-1）。面，是由控制点和边界线组成的基本型（图 1-2）。

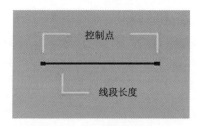

图 1-1　线段示意

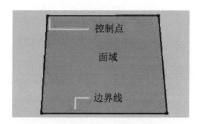

图 1-2　平面示意

面有正面和反面的差异，最直接的差别体现在粘贴材质上（图 1-3）。体，是由控制点、边界线和围合面共同组成的复杂形式（图 1-3）。

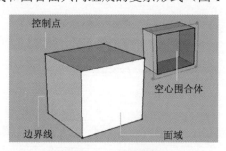

图 1-3　体块示意

章节重点：控制点的理解与运用、快捷键的运用。

1. 直线（快捷键"L"）

单击绘图工具栏按键 ✏，或者在命令栏中开启"绘图"→"线条"命令，或者使用快捷键"L"，都可以进行直线的绘制（图 1-4）。根据屏幕左下角的提示进行操作，如 ⑦ 选择开始点 、 ⑦ 选择终点或输入值。，长度的指示在屏幕右下角，如 长度 2232.6mm 。

绘制方式：通过鼠标直接捕捉绘制，通过输入长度进行精确绘制。

注意事项：要想获得平行于红、蓝、黄轴的直线，可以强制沿红、蓝、黄轴命令来完成。具体操作步骤为快捷键"L"→"第一点"→"←"或"↑"或"→"→"下一点"或"长度"（图1-5）。

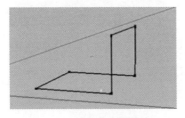

图1-4　完成的空间直线

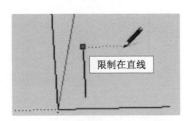

图1-5　绘制平行于轴的直线

用移动命令来移动直线的一个控制点，会改变该线段的方向和长度（图1-6）。在操作中，可以将0点拖动到1、2、3等点位来改变线段的长度、角度等。

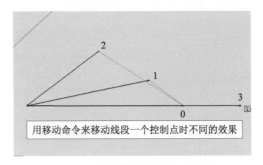

图1-6　直线控制点的移动效果

2. 圆弧线（快捷键"A"）

单击绘图工具栏按键 ⌒ ，或者在命令栏中开启"绘图"→"圆弧"命令，或者使用快捷键"A"，都可以进行圆弧线的绘制。根据屏幕左下角的提示进行操作，如 ⑦ 选择开始点 、 ⑦ 选择凸出部分距离或输入值。凸出长度的数值在屏幕右下角有提示，如 凸出部分 221.9mm 。

绘制方式：通过鼠标绘制，通过控制点和输入长度精确绘制，通过相切、半圆等限制绘制形式。

注意事项：想要获得平行于红、蓝、黄轴的圆弧线，可以强制沿红、蓝、黄轴命令来完成。具体操作步骤为快捷键"A"→"第一点"→"第二点"→

"←"或"↑"或"→"→"圆弧顶点"。用移动命令来移动圆弧线的一个端点控制点，会改变该圆弧线的方向和半径，但不会改变该圆弧线的形状（图1-7）。

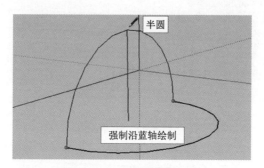

图 1-7　绘制完成的圆弧线

用移动命令来移动圆弧线的顶点控制点，会改变该圆弧线的形状，但不会改变该圆弧线的方向和半径（图1-8、图1-9）。

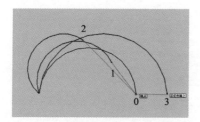

图 1-8　移动端点控制点的效果

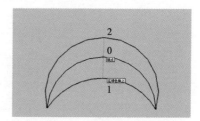

图 1-9　移动顶点控制点的效果

3. 长方形（快捷键"R"）

单击绘图工具栏按键，或者在命令栏中开启"绘图"→"矩形"命令，或者使用快捷键"R"，都可以进行圆弧线的绘制。根据屏幕左下角的提示进行操作，如 ⑦ 选择第一个角。、 ⑦ 选择对角或输入值。 。矩形的长度和宽度的数值在屏幕右下角有提示，如 尺寸 2263.4mm, 775.3mm 。

绘制方式：通过鼠标绘制，通过控制点和输入长度、宽度精确绘制。

注意事项：想要获得平行于红、蓝、黄轴的矩形，可以通过视轴的移动使捕捉位于所要的立面区间，如红黄区间，来绘制矩形（图1-10）。移动端点控制点可以改变其中两条边的方向及长度，从而达到重新绘制图形的目的。绘制后的图形可能是同一个平面，也可能是不同平面（图1-11）。

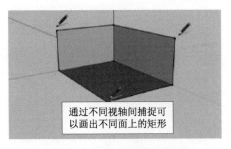

图1-10　矩形的空间画法

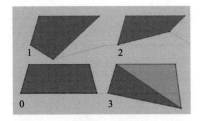

图1-11　移动端点控制点的效果

移动一个边界线，可以改变矩形的大小或者方向（图1-12）。

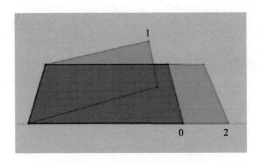

图1-12　移动边界线的效果

4. 圆形（快捷键"C"）

单击绘图工具栏按键⬤，或者在命令栏中开启"绘图"→"圆"命令，或者使用快捷键"C"，都可以进行圆的绘制。根据屏幕左下角的提示进行操作，如 ⑦ 选择中心点 、 ⑦ 选择边线上的点 。圆的半径的数值在屏幕右下角有提示，如 半径 1042mm 。

绘制方式：通过鼠标绘制，通过输入圆心和半径精确绘制。

注意事项：圆除圆心外没有其他控制点，只有圆形边界线和面。绘制空间中的圆与平面相同，都可以在不同象限进行捕捉（图1-13）。显示的圆为多边形，默认为24段，即24边形显示。也可以在绘制时修改。使用快捷键"C"开始画圆，屏幕右下角提示侧面时，可以输入需要的段数，如 100 段（ 侧面 100 ）。对绘制好的圆，可以通过执行"窗口"→"图元信息"命令来修改段数（图1-14、图1-15）。

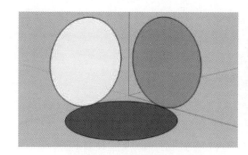

图 1-13　绘制空间中的圆

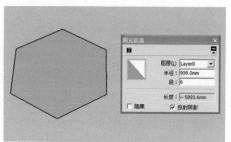

图 1-14　圆-6 段数的显示

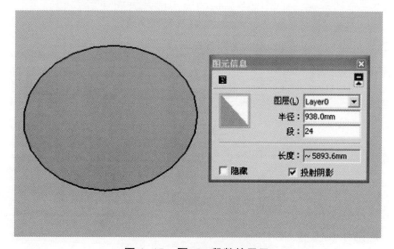

图 1-15　圆-24 段数的显示

5. 多边形

单击绘图工具栏按键▼，或者在命令栏中开启"绘图"→"多边形"命令，都可以进行多边形的绘制。根据屏幕左下角的提示进行操作，如 ⑦ 选择中心点 、 ⑦ 选择边线上的点 。多边形的边数和半径的数值在屏幕右下角有提示，如 侧面 6　半径 1877mm 。

绘制方式：通过鼠标绘制，通过输入中心和半径精确绘制。

注意事项：多边形除中心外没有其他控制点，只有边界线和面。空间的绘制方式与圆相同（图 1-16）。开始绘制多边形，屏幕右下角提示侧面时，可以输入需要的段数，如 6 段（ 侧面 6 ）。绘制好的多边形可以通过执行"窗口"→"图元信息"命令来修改段数（图 1-17）。

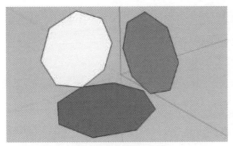
图 1-16　绘制空间中的多边形

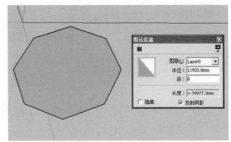
图 1-17　正 8 边形

第二节　编辑工具

基本概念：编辑工具既是基础的操作，也是对基本图形、控制点、边界线、面的再编辑。前一节已经简单地讲解了利用编辑工具对基本图形进行编辑的方法。本节在这个方面会有更多的讲解。

本节重点：快捷键的记忆、对不同类型的对象的操作技巧。

1. 移动（快捷键"M"）

单击编辑工具栏按键，或者在命令栏中开启"工具"→"移动"命令，或者使用快捷键"M"，都可以进行移动操作。根据屏幕左下角的提示进行操作，如 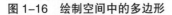。移动的距离在屏幕右下角有提示，如 长度 1692.1mm 。移动命令，移动的是单元本身或控制点、边界。

操作方式：通过鼠标捕捉，通过输入数值精确控制移动量。

注意事项：移动时，在制定基点后，输入数值前，可以按"Shift"键进行移动方向的锁定，以便控制方向。也可以按上、下、左、右键进行限制，在规定轴内进行移动（移动复制）（图 1-18～图 1-20）。

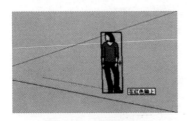
图 1-18　移动单元

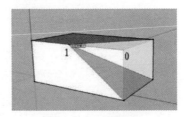
图 1-19　移动控制点

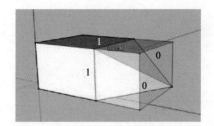

图 1-20　移动边界

移动复制：在打开移动工具后，按"Ctrl"键后，[图标]键右上方出现"+"号，表示开始移动复制（图 1-21）。

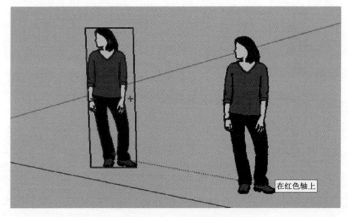

图 1-21　移动复制

一层复制结束后，在不进行其他操作前，键入"*8"（[长度] [*8]），对上次复制的方向和距离进行 8 次移动复制（包含第一次复制内容），如图 1-22 所示。

图 1-22　多次移动复制

键入"/8"（ **长度** /8 ），进行 8 等分移动复制（包含第一次复制内容，且第一次距离为总长度），如图 1-23 所示。

图 1-23　等分移动复制

2. 推拉（快捷键"P"）

单击编辑工具栏按键 ，或者在命令栏中开启"工具"→"推/拉"命令，或者使用快捷键"P"，都可以进行推拉操作。根据屏幕左下角的提示进行操作，如 ⑦ 选取平面进行推拉。Ctrl = 切换创建新的开始平面。 ， ⑦ 拖动可推拉平面或输入值。Ctrl = 切换创建新的开始平面。 。推拉的距离在屏幕右下角有提示，如 **距离** 713.6mm 。推拉命令，是移动边界面，快速形成体块的重要途径，但是其推拉只能沿红、黄、蓝三轴进行（图 1-24）。

操作方式：选取需要推拉的平面，通过鼠标捕捉、通过输入数值精确控制推拉量。

注意事项：可以通过双击一个平面进行快速推拉。推拉数量等同于上次推拉的数值。其常用于快速推拉出多个同一高度的体块。

3. 旋转（快捷键"Q"）

单击编辑工具栏按键 ，或者在命令栏中开启"工具"→"旋转"命令，或者使用快捷键"Q"，都可以进行旋转操作。根据屏幕左下角的提示进行操作，如 选取图元、旋转平面和原点。Ctrl = 切换拷贝，按住 Shift = 对齐平面。 、对齐量角器的底部。Ctrl = 切换拷贝。 。旋转的角度在屏幕右下角有提示，如 **角度** 25.3 （图 1-25）。

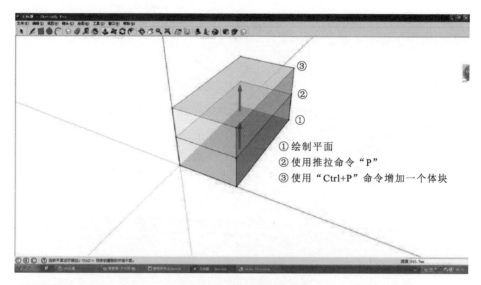

①绘制平面
②使用推拉命令"P"
③使用"Ctrl+P"命令增加一个体块

图1-24　推拉命令的使用

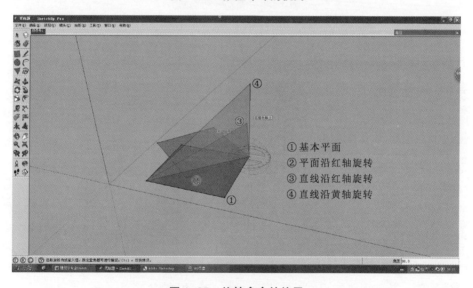

①基本平面
②平面沿红轴旋转
③直线沿红轴旋转
④直线沿黄轴旋转

图1-25　旋转命令的使用

操作方式：选取需要旋转的点或基本型，通过鼠标捕捉、通过输入数值精确控制旋转量。

注意事项：旋转命令是改变形体角度的重要途径。但是，旋转只能沿红、黄、蓝三轴或某一平面进行。从微观的角度来讲，旋转只能改变直线的角度，从而带来面或体块的改变，也包括形状的变化。

旋转复制：在打开旋转工具后，按"Ctrl"键后，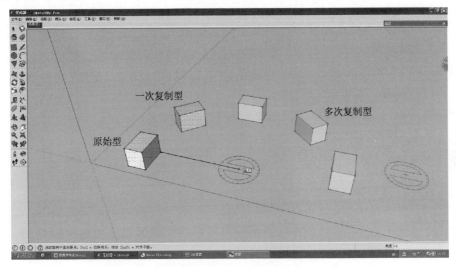键右上方出现"+"号，表示开始旋转复制。一层复制结束后，在不进行其他操作前，键入"*4"（角度 *4），对上次复制的方向和角度进行 4 次复制（包含第一次复制内容），如图 1–26 所示。

图 1-26　多次旋转复制

键入"/4"（角度 /4），进行 4 等分旋转复制（包含第一次复制内容，且第一次角度为总角度），如图 1–27 所示。

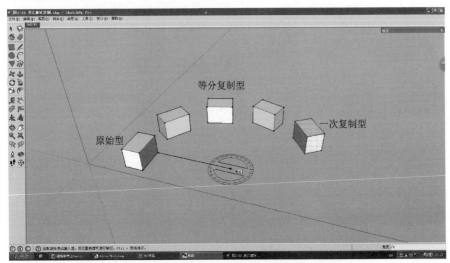

图 1-27　等分旋转复制

4. 缩放（快捷键"S"）

单击编辑工具栏按键 ，或者在命令栏中开启"工具"→"缩放"命令，或者使用快捷键"S"，都可以进行缩放操作。根据屏幕左下角的提示进行操作，如 选择要调整比例的图元 、 选择一个手柄并移动它以调整对象比例。Ctrl = 以中心为基准。Shift = 切换统一调整。 。缩放的比例在屏幕右下角有提示，如 比例 0.84 （图1-28）。

操作方式：先选取需要旋转的基本型（非点），再选择需要缩放的控制点，通过鼠标捕捉、通过输入数值精确控制旋转量。

注意事项：缩放命令是调整体型或改变局部比例的重要途径。缩放的控制点是两两相对的，并且以鼠标所选择的相对点为缩放的基点。在缩放过程中，长按"Ctrl"键可以形体中心为基点进行缩放（图1-29）。通过长按"Shift"键，可以同时修改长、宽、高3个参数的比例关系（ 红色，绿色，蓝色比例 1.50,1.00,0.75 ），也可以直接输入数据并用逗号分隔来调整长宽高3个参数的比例（图1-30）。

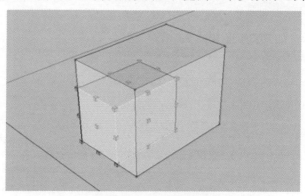

图1-28　基本缩放图

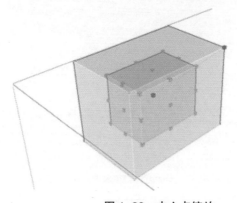

图1-29　中心点缩放

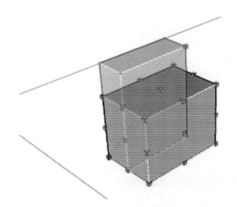

图 1-30　通过修改 3 个参数进行缩放

5. 偏移（快捷键"F"）

单击编辑工具栏按键 🖝，或者在命令栏中开启"工具"→"偏移"命令，或者使用快捷键"F"，都可以进行偏移操作。根据屏幕左下角的提示进行操作，如 选择要偏移的平面或边线。、 选取点以定义偏移或者输入值。 。偏移的距离在屏幕右下角有提示，如 距离 825.7mm （图 1-31）。

操作方式：先选取需要旋转的基本型，通过鼠标捕捉、通过输入数值精确控制偏移量。

注意事项：该命令只能将一条或多条首尾相接的线段或者平面进行偏移。对面的偏移，即对面所在的边线进行偏移，其实质依然是对线段进行偏移编辑。

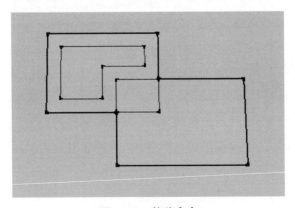

图 1-31　偏移命令

6. 路径跟随

单击编辑工具栏按键 🌀，或者在命令栏中开启"工具"→"路径跟随"

命令。根据屏幕左下角的提示进行操作，如 选择要拉伸的平面 、
拖动平面进行拉伸　Alt = 平面周长 （图 1–32）。

操作方式：通过鼠标进行路径捕捉。

注意事项：路径跟随所选择的对象可以是任意线段或平面，但不能是体块
或多面。在跟随路径的过程中，可以长按"Alt"键来确定某一平面的边线为
跟随路径。

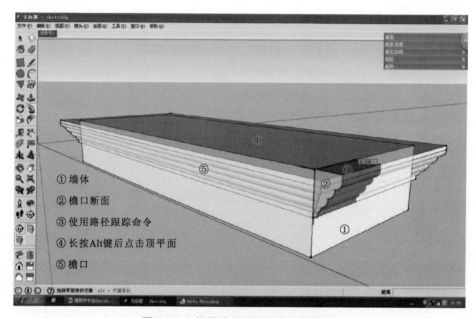

图 1–32　使用路径跟随制作建筑檐口

第三节　剖切工具

基本概念：剖切工具是建筑平面制作和剖面制作的重要工具，也可以帮助
人们了解已经制作的建筑模型的内部空间。巧妙运用剖切工具也可以灵活修改
细小的内部空间或结构设计。

本节重点：截平面工具的使用技巧。

1. 截平面

单击编辑工具栏按键⊕，或者在命令栏中开启"工具"→"截平面"命令。
根据屏幕左下角的提示进行操作，如 在平面上放置截屏面。Shift = 锁定到平面。

操作方式：通过鼠标捕捉剖切面。

注意事项：对截平面可以进行移动、移动复制、旋转、旋转复制等操作。也可以通过双击截平面，进行打开或关闭操作。可通过不同截平面的开闭操作，来获取不同的界面效果（图1-33）。

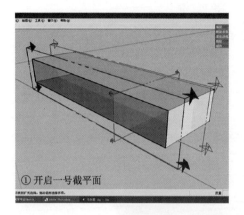
① 开启一号截平面

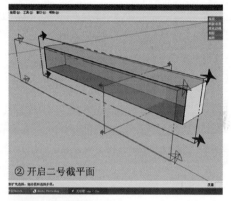
② 开启二号截平面

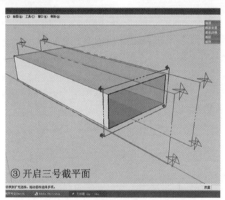
③ 开启三号截平面

图1-33　不同截平面的开闭效果

2. 截平面显示

单击编辑工具栏按键 来控制所有截平面的显示与隐藏（图1-34）。

注意事项：截平面的显示与隐藏按钮是一个总开关。如果要单独隐藏一个截平面，可以通过执行"编辑"→"隐藏"命令来实现。利用截平面的显隐关系可以方便地制作建筑的平面图与剖面图。

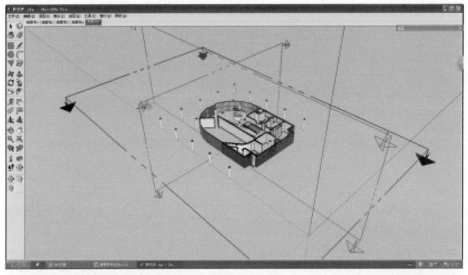

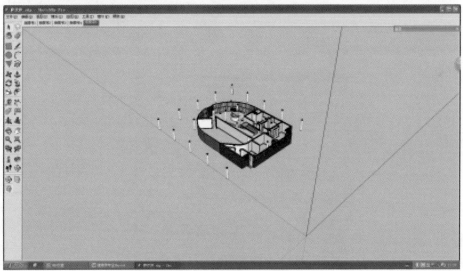

图 1-34　截平面的显示与隐藏

第二章 进阶工具

本章介绍了图元信息、组与组件、材质、图层、柔化边线、阴影、场景等7 个常用功能窗口。本章中组与组件、材质、图层、柔化边线是模型制作中的常用功能窗口。阴影与场景是模型表现及视角变化的主要窗口。进阶工具如图 2-0 所示。

本章重点：熟练掌握各种窗口的查看和信息修改方法。在绘图中根据自身习惯应常开组与组件、材质、图层等功能窗口。同时，应能够熟练使用功能窗口的快捷键进行操作。

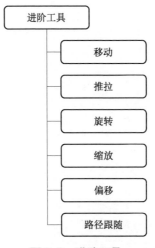

图 2-0 进阶工具

第一节　图元信息

基本概念：图元信息即图形属性。

本节重点：利用图元信息编辑圆形、曲线等不规则图形并控制显示效果。

图元信息是反应模型中基本单元或组的数据信息。通过执行"窗口"→"图元信息"命令可以打开图元信息窗口（图2-1）。不同的基本型和组件所显示的信息是不一样的，可以根据显示的信息内容进行修改，以达到编辑的目的（图2-2）。

图2-1　图元信息窗口

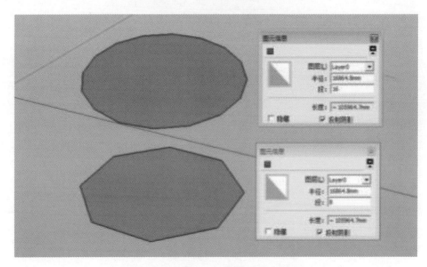

图2-2　8段、16段圆形显示效果

第二节　组与组件

　　基本概念：SketchUp 中组和组件的概念有本质的区别。组是将一群基本型、组和组件进行打包，将类似文件装入一个文件夹进行管理。组件类似于 CAD 中的块，不仅可以将图元进行打包，还可以统一编辑相同组件的内容。

　　本节重点：理解组和组件的区别，能够熟练运用组和组件进行分类编辑。

1. 组的创建与编辑

　　选中要编辑的图元后，单击鼠标右键或者执行"编辑"→"创建组"命令。创建组后，可以通过双击进入组内对内部图元信息进行编辑，也可以通过执行"编辑"→"组"→"编辑组"命令进入，或者通过鼠标右键菜单中的"编辑组"进入（图 2-3）。

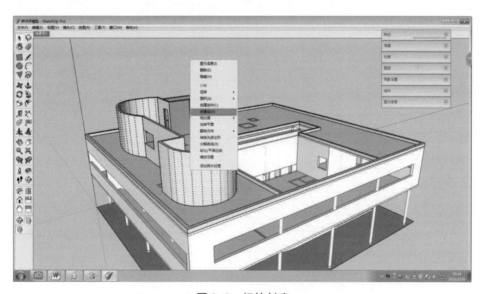

图 2-3　组的创建

　　选中一个组件，打开鼠标右键菜单。常用的工具有"隐藏""分解""相交面""反转方向"等。"隐藏"表明块的显示关系。可以通过该功能控制不同场景中块的显隐来达到不同的表现效果。"分解"是将块分解，变为单个图元。

"相交面"是组（组件）与组（组件、模型）相交，在相交处得到边界线。"反转方向"是组件内部按照不同的轴进行镜像对称，其位置不发生变化（图2-4）。

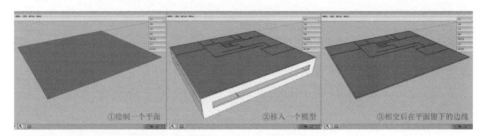

图2-4　相交功能的应用

2. 组件的创建与编辑

选中要编辑的图元后，单击鼠标右键或者执行"编辑"→"创建组件"命令。创建组件后，可以通过双击进入组件内对内部图元信息进行编辑，也可以通过执行"编辑"→"实体组件"→"编辑组件"命令进入，或者通过鼠标右键菜单中的"编辑组"进入。

执行"窗口"→"组件"命令可以打开模型中现有的组件，也可以利用原有组件进行快速模型制作。"组件"窗口也提供了组件的编辑功能（图2-5）。

图2-5　"组件"窗口功能

注意事项：组件可以像组那样进行"隐藏""分解""相交面""反转方向"等操作。不同的对组件进行编辑时会同时将其他相同组件一同编辑，这在提供快速修改的同时，也带来了操作失误的可能性（图2-6）。

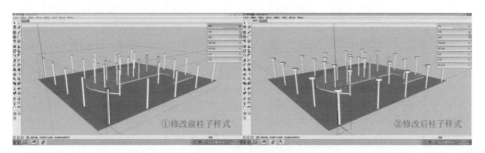

①修改前柱子样式　　　②修改后柱子样式

图2-6　组件编辑

第三节　材质（快捷键"B"）

基本概念：材质功能是用平面的方式表现模型中的各个构件的材料特性。它除了能表现材质的色彩、质感、纹理外，还可以表现材质的透明性等。

本节重点：能够熟练运用快速粘贴材质的方式对材质进行编辑。

单击编辑工具栏按键 🎨，或者在命令栏中开启"工具"→"颜料桶"命令，或者使用快捷键"B"，都可以进行移动操作。根据屏幕左下角的提示进行操作，如 ⑦ 选择要匹配颜料的对象 。

"Ctrl+功能"可以为有匹配颜料的全部连接的平面添加材质（ ⑦ 选择一个平面，有匹配颜料的全部连接的平面将改变。 ）。"Shift+功能"可以为模型中有匹配颜料的全部平面添加材质（ ⑦ 选择一个平面，模型中有匹配颜料的全部平面都将改变。 ）。用这两种方法可以快速添加或改变材质，但是要注意改变材质可能会产生操作失误，将不必要的材质改变。

"Alt+功能"可以吸取材质，方便材质的复制 ✏。

执行"窗口"→"材质"命令，可以选择和编辑模型中的材质，也可以添加新的材质。

"材质"窗口界面如图2-7所示。

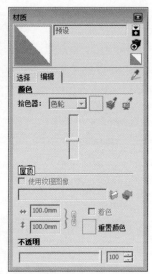

图 2-7　"材质"窗口界面

第四节　图　层

基本概念：图层类似于 CAD 中图层的概念，是将图元分类于不同空间中，并控制其在模型中的显隐关系。

本节重点：能够熟练运用图层控制分类显示和进行编辑。

注意事项：当前窗口是不可隐藏的，添加图元时要注意当前图层。

打开"窗口"→"图层"窗口（图 2-8），可以选定当前图层和编辑各个图层的显隐关系（图 2-9）。

图 2-8　"图层"窗口界面

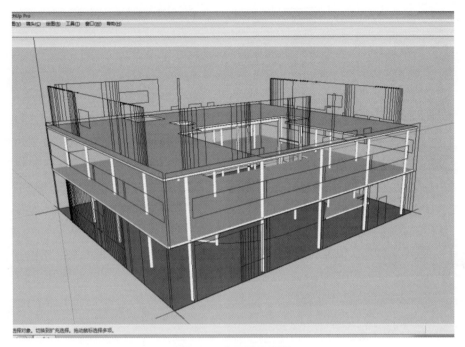

图 2-9 分层显示图形

第五节 柔化边线

基本概念：柔化边线是将两个相交平面显示为弧面，以消除棱角感。

本节重点：利用柔化边线功能制作弧面和曲面。

打开"窗口"→"柔化边线"窗口（图 2-10）。根据法线之间的大小调整柔化角度，以达到不同的显示效果。可以根据需要勾选"平滑法线"和"软化共面"项。柔化边线效果如图 2-11 所示。

注意事项：柔化边线的法线夹角可以超过 90°，也就是说，可以将两个互相垂直及夹角为钝角的平面边线柔化。

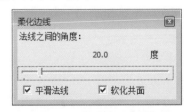

图 2-10 "柔化边线"窗口界面

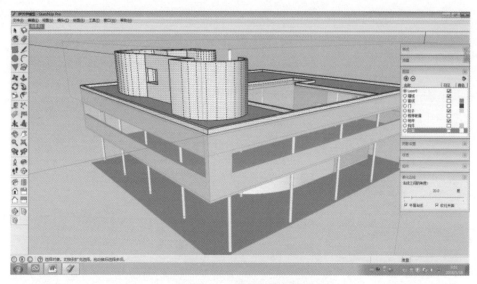

图 2-11　柔化边线效果

第六节　阴　影

　　基本概念：阴影是利用太阳光或灯光在不同平面和体块间形成的光影效果。

　　本节重点：利用 SketchUp 自带的阴影设置功能创作适宜的建筑光影表现。

　　打开"窗口"→"阴影"窗口（图 2-12），可以设置阴影的显隐关系、时区、时间、日期、明暗关系等。阴影显示效果如图 2-13 所示。

　　注意事项：阴影的显隐效果可以创造良好的光影关系，但是阴影的显示也消耗了大量的计算机内存，会造成操作卡顿现象。

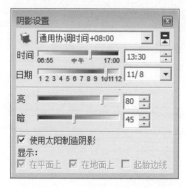

图 2-12　"阴影"窗口界面

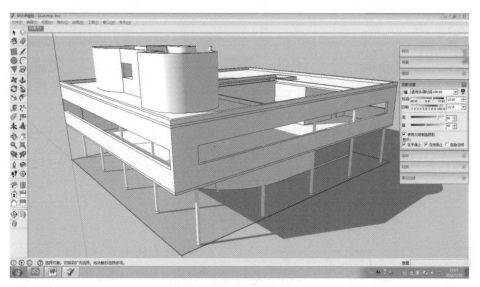

图 2-13 阴影显示效果

第七节 场 景

基本概念：场景是固定化的视角和表现形式。它可以在用户编辑模型的时候快速返回用户想表现的视角。场景的选取也是动画导出的一个重要前提。

本节重点：场景的选取与参数的设置。

打开"窗口"→"场景"窗口（图 2-14），可以添加、删除、更新场景（图 2-15）。在添加第一个场景之后，可以用鼠标右键单击标题栏中的场景完成快速添加等功能。单击场景可以完成视角的快速切换。

图 2-14 "场景"窗口界面

图 2-15 场景更新设置

第三章　建模前的准备

　　本章主要使读者在模型制作前了解设计师的基本情况、作品的设计思想、建筑表现、建筑的基本功能和构造特点，为接下来的制作打下感性认识和理性分析的基础。在完成对建筑的基本认知后，开始模型制作前的 CAD 图纸整理。图纸整理的重点在于清除多余线段、图层等内容，内容修整重点在于保证图形的封闭性和准确性。CAD 图纸向 SketchUp 软件的导入是模型制作的首要步骤（图 3-0）。

　　本章重点：详细掌握模型制作前的流程。认真整理 CAD 图纸，分类分层，清除不必要的图层、线段等与模型制作无关的内容，从而减少模型制作过程中不必要的返工。

图 3-0　建模前的准备

第一节　设计师勒·柯布西耶简介

　　勒·柯布西耶（图 3-1）是 20 世纪最杰出的建筑家之一，是机器美学的重要奠基人，是现代主义建筑的主要倡导者。他和瓦尔特·格罗皮乌斯、路德维希·密斯·凡·德·罗、赖特并称为"现代建筑派"的主要代表，他被称为"现代建筑的旗手"。他也是功能主义建筑的泰斗，被称为"功能主义之父"。

图 3-1　勒·柯布西耶

他的主要设计思想如下：

（1）他主张创造新建筑，应用新型结构和新形式。他指出："在近 50 年中，钢铁与混凝土已经占统治地位，这说明结构本身具有巨大的能力，对建筑艺术家来说，建筑设计中老的经典已经被推翻，如果要与过去挑战，我们应该认识到，历史上的过往样式对我们来说已经不复存在，一个属于我们自己时代的新的设计样式已经兴起，这就是革命。"

（2）"住房是居住的机器"。他主张用工业化的方法大规模建造房屋，就像制造机器那样生产建筑。

（3）他强调建筑的艺术性，赞美简单的几何体。他强调以数学计算和几何计算为设计的出发点。

（4）他提出了"新建筑五点"：底层架空、屋顶花园、自由平面、横向的长窗、自由立面。这在他的很多建筑设计中体现出来，尤其是萨沃伊别墅。

第二节　萨沃伊别墅简介

位于巴黎近郊的萨沃伊别墅（1928 年设计，1930 年建成）是现代主义建筑的经典作品之一。

萨沃伊别墅，包含建筑及周边环境，占地约 12 英亩①。整体地形平坦，建筑平面为矩形，长约 22.5 米，宽为 20 米。建筑共三层，为板、柱支承体系。墙体作为空间划分与营造之用。建筑外形自由。立面构图均衡、严谨，体现着几何美学。水平长窗和洞口既体现着内、外空间的联系，也表明了立面形式与结构形式的分离。

萨沃伊别墅的设计思想如下：

（1）"新建筑五点"的完美体现，以及板、柱承重体系的应用。萨沃伊别墅采用了钢筋混凝土框架结构（图 3-2），圆柱提供支撑。柱上方规则地分布

①　1 英亩≈4 046.856 平方米。

着梁。梁、柱串联在一起形成独立骨架，承受建筑的整个荷载。墙体形式自由。这既形成了自由平面，也解放了外立面。萨沃伊别墅实景图如图 3-3 所示。

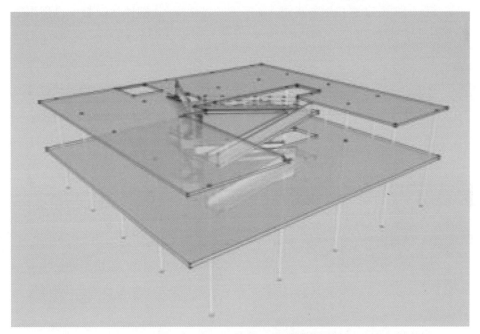

图 3-2 萨沃伊别墅的框架体系图

图 3-3 萨沃伊别墅实景图（引自百度图片）

（2）建筑与阳光、空气、绿地的协调共生。建筑被树林环抱，位于草坪中央。潮湿和雨水对建筑产生了直接的影响。底层架空有利于解决这些问题。位于建筑二层的空中花园，既可以被室内欣赏，也可以透过建筑洞口与外环境相融合。

（3）标准的统一。汽车的回转半径确定了建筑结构的基本尺寸。

　　萨沃伊别墅首层三面透空，内有门厅、车库、洗衣房和仆人用房（图3-4）。建筑二层有起居室、卧室、厨房、餐室、屋顶花园和室外休息空间（图3-5）。建筑三层为主人卧室和屋顶花园。各层之间以楼梯和坡道相连，建筑二层以上坡道为室外通道。

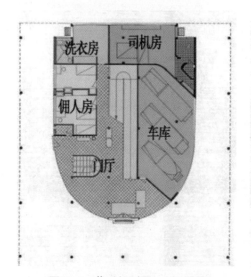

图 3-4　萨沃伊别墅一层平面图

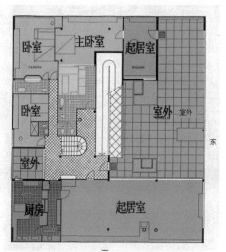

图 3-5　萨沃伊别墅二层平面图

第三节　修整 CAD 图纸中的线段，清除无用内容

　　将 CAD 图纸导入 SketchUp 软件前，应先清理 CAD 图纸中大量与建模无关的文字标注、长度标注、图案填充、轴线标注等内容。在 CAD 内清理多余线段，并将线段整合成便于利用的多段线。CAD 对图纸中线段的修改能力要远大于 SketchUp 软件的能力。其流程如图 3-6 所示。

图 3-6　修整流程

　　步骤 1：打开需要修正的 CAD 图纸，核实、修正数据（图 3-7、图 3-8）。

　　由于图纸可能不是本人或不是一个人所绘制，可能出现前后数据不一致、绘图习惯不同、绘图逻辑不同所带来的图纸对接问题，所以在这一步应统一校对数据，避免以后因数据或图纸对接产生问题而导致返工。

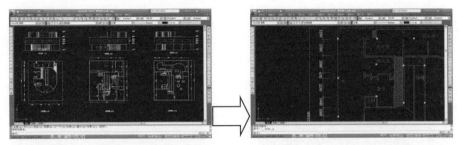

图 3-7　启动 CAD 图纸　　　　　　　图 3-8　核对、修正数据

步骤 2：关闭对建立模型无用的图层（图 3-9、图 3-10）。

关闭无用图层，可减少作图干扰，提高效率，同时也为后续工作做准备。

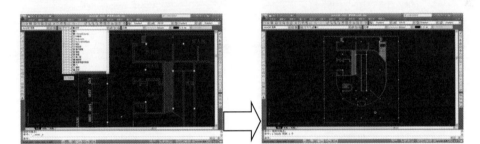

图 3-9　关闭无用图层　　　　　　　图 3-10　关闭图层后的效果

步骤 3：根据建筑结构的不同分别进行线段的修整（图 3-11、图 3-12）。

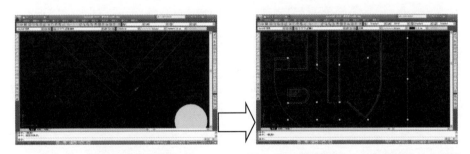

图 3-11　线段修整前是独立的　　　　图 3-12　修整后是一个完整闭合的多段线

整理重复线段、接头不准的线段和不能闭合的线段等。将线段按照墙体、柱、门窗、洞口等内容进行逐一修正。将虚线根据情况修改为实线或者删除。修整后平面图无杂乱重复线条，尽量做到墙体、门窗内部无打断，线条无错误交叉。推荐插件"燕秀工具箱"（其能够快速删除重复线，处理图层，编辑组

块）。最终，应使单一墙面、柱子等为一整条闭合多段线。保证在 SketchUp 中可以直接形成连续闭合面域。主要使用的 CAD 快捷键为"PE（多段线编辑）""TR（修剪）""EX（延迟）""S（拉伸）"。

步骤 4：删除多余的内容，如图案填充等（图 3-13、图 3-14）。

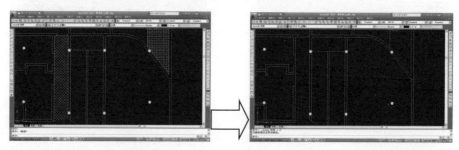

图 3-13　填充删除前　　　　　　　　图 3-14　填充删除后

第四节　按照结构分图层，单独保存各层平面及立面

本节相关流程如图 3-15 所示。

分类分层　　找好定位　　分别保存

图 3-15　相关流程

步骤 1：将修整好的 CAD 平面、立面图按照墙体洞口、柱子、门窗、构件、坡道、楼梯、基地环境等内容进行分图层整理，并将每一图层保存为一个块。

因为在 CAD 内分好图层，所以可以直接将平面导入 SketchUp 后进行自动分层。这样，可以保证模型也按照墙体洞口、柱子、门窗、构件、坡道、楼梯、基地环境等内容进行分类显示，从而达到作图一目了然的目的。这样，也可以保证较好的作图效率。

在同一平面内，将每一图层保存为一个块。这样可以在导入 SketchUp 后自动生成一个组，并完整保存所有线段，也可以避免 CAD 在导入 SketchUp 后出现线段残缺的问题（图 3-16、图 3-17）。例如，将一层平面中每个图层分别保存为"一层地坪""一层柱网""一层墙体洞口""一层楼梯坡道""一层门"

"一层窗"等块（图 3-18～图 3-23）。这样，在导入 SketchUp 后可以直接形成相应的组。

将图层保存为块的步骤为：设置要保存的图形为当前图层→快速选择→图层→创建块（快捷键"B"）→创建名称→确定。

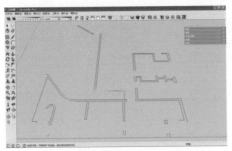

图 3-16　为分块保存导入后

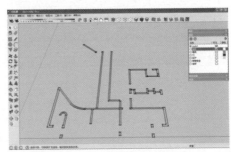

图 3-17　分块保存导入后

立面图一般用来进行高度的比对和高度定位，所以将立面图统一到一个图层即可（通常分别导入立面图层，导入 SketchUp 后 4 个立面对应的是一个图层，这样可以减少图层数量）。

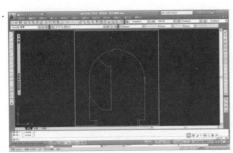

图 3-18　一层地坪

图 3-19　一层柱网

图 3-20　一层墙体洞口

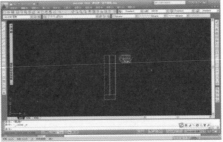

图 3-21　一层楼梯坡道

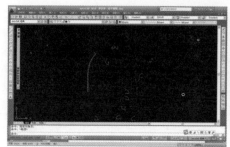

图 3-22　一层门位置

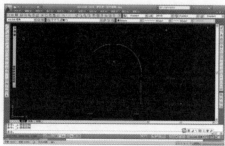

图 3-23　一层窗位置

步骤 2：适当增加定位图层，为 SketchUp 中定位使用。使用 "PU" 命令清除无用的信息和图层（图 3-24），以减少占用资源，降低误判率。

在本案例中，因为萨沃伊别墅的外形极为规则，本身就是良好的定位依靠，所以案例中并没有增加定位图层。但对于平面较为复杂的一些建筑设计，建议增加定位图层来避免绘图中的误差。

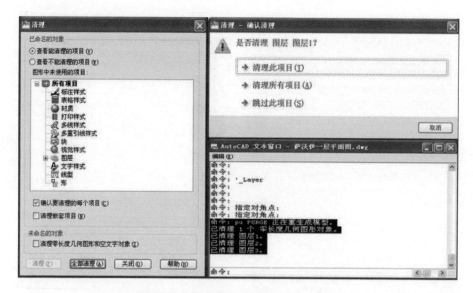

图 3-24　用 "PU" 命令进行全面清理

步骤 3：将整理好的 CAD 图纸（图 3-25）按照平面图和立面图分别保存成单独文件。

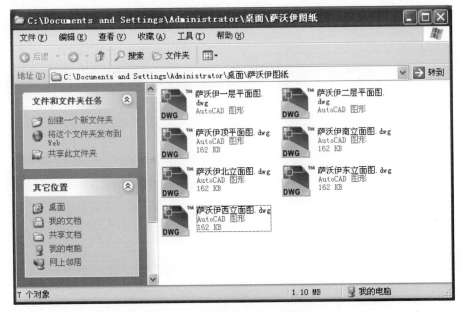

图 3-25 整理好的 CAD 图纸

第四章 模型结构的制作

本书从建筑的整体结构入手开始模型结构制作，由内到外，由骨及表，由整体到局部，由结构到装饰。

模型结构的制作主要包含分层导入、支撑结构的制作、墙体构件的制作和交通构建的制作四个部分（图 4-0）。分层导入是模型结构制作的第一步。只有较好地完成此步，才能减少返工现象。支撑结构的制作分为梁、柱网、楼板的建立。墙体构件的制作是将制作好的建筑骨架进行围合。通常构件的制作采用单片的形式（无墙体厚度），本书采用双片的形式（制作墙体厚度）。交通构件包含楼梯、坡道等。

图 4-0　模型结构的制作

本章重点：模型结构制作应注重绘图逻辑和先后顺序。良好的逻辑能力能使绘图准确、高效、快捷和细致。模型结构制作过程也体现了制作者对设计者的设计逻辑的理解，所以制作者要在模型结构制作之前就考虑好整个模型结构制作流程及可能遇到的问题。

第一节　图纸的导入与地坪的建立

本节讲述如何将 CAD 形式的建筑图纸导入到 SketchUp 中，并通过工具将导入的线段围合成面，并最终形成建筑地坪。本节分为核实单位、导入图纸和创建地坪 3 个步骤（图 4-1）。核实单位是为了避免 CAD 图纸与 SketchUp 图中的单位不统一而造成操作错误。错误最终导致绘图进度不佳、绘图难于操作等问题。导入图纸是将正确分层导入 SketchUp 图中。创建地坪是建筑设计的第一步，也是人们最容易忘记的一个步骤，所以单独拿出来讲解，以避免在今后的模型制作中忽略地坪的创建。本节的重点在于如何快速地分类分层，将CAD 图纸导入到 SketchUp 图中。

图 4-1　本节的步骤

步骤 1：运行软件，核实绘图单位。

打开 Google SketchUp 8。在命令栏内打开"窗口"→"模型信息"（图 4-2）。核实 SketchUp 模型绘制单位与 CAD 绘制单位相同。一般建筑图纸绘制采用毫米为单位，精度为 0 mm（图 4-3）。

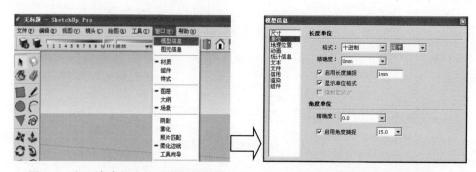

图 4-2　打开命令栏中的"模型信息"　　　图 4-3　修改长度单位为毫米

步骤 2：导入 CAD 图纸，核实导入图纸的单位与模型的单位相同，并确定插入点。

打开命令栏"文件"→"导入"（图 4-4）。在"打开"对话框内选择图纸所在文件夹，选择"萨沃伊一层平面图"（图 4-5）。单击对话框右侧选项按钮 选项(P)... ，打开"导入 AutoCAD DWG/DXF"对话框，核实"比例"中单位选项为"毫米"（各个图纸与模型比例应一致）。将导入好的图形创建为一个组（图 4-6）。

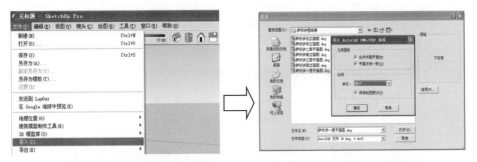

图 4-4 打开导入对话框　　　　　　　图 4-5 打开一层平面图

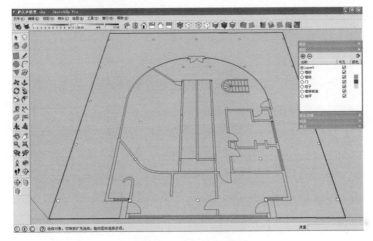

图 4-6 导入并创建组

步骤 3：按照步骤 2，分别导入其他平面及立面（图 4-7）。

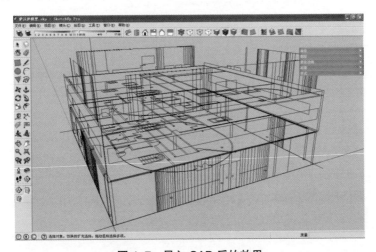

图 4-7 导入 CAD 后的效果

将导入后的平面按照一、二、三层平面的顺序根据立面高度放置。一层平面与室外地坪同高，二层地坪与一层顶面同高，三层平面与二层顶面同高。将东、西、南、北 4 个立面分别放置 4 个面备用。

导入后分为以下图层：Layer0、墙体、门、窗、柱网、坡道楼梯、地坪、构件、家具和立面。今后根据表现效果的需要，还可以建立立面植物、平面植物等图层。由于不同的表现需要不同，所以这里不再详细说明。分图层显示如图 4-8～图 4-15 所示。

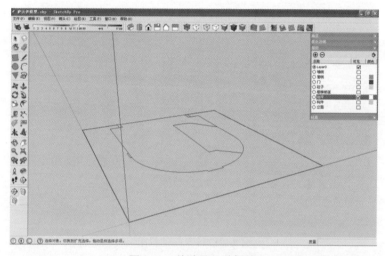

图 4-8　单独显示地坪线

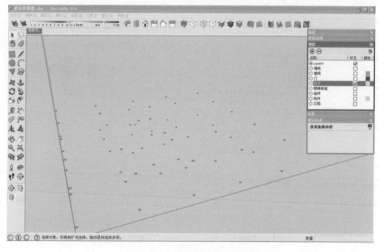

图 4-9　单独显示柱网线

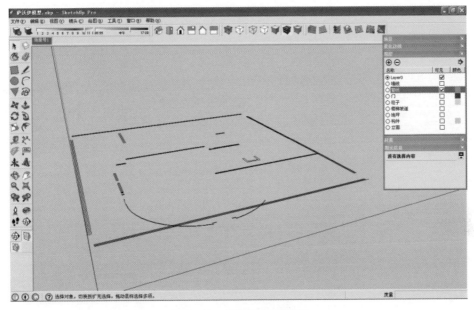

图 4-10　单独显示墙体线

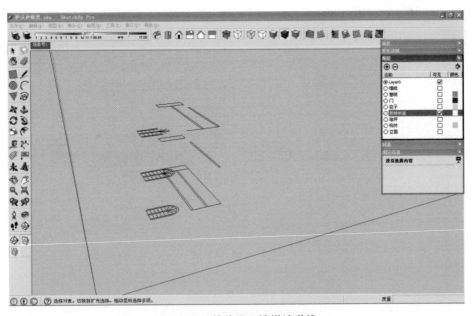

图 4-11　单独显示楼梯坡道线

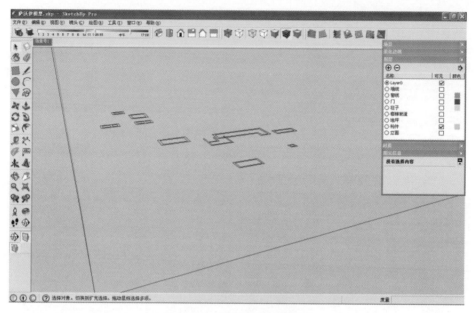

图 4-12　单独显示构件线

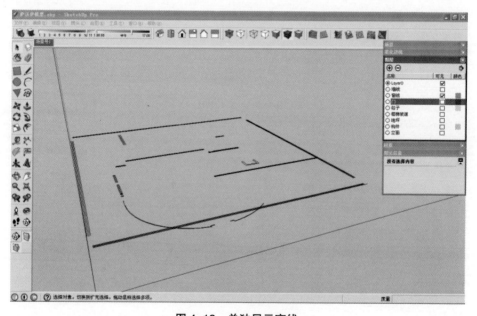

图 4-13　单独显示窗线

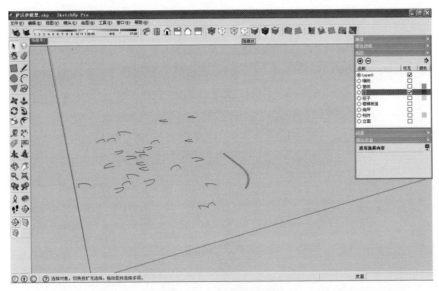

图 4-14 单独显示门线

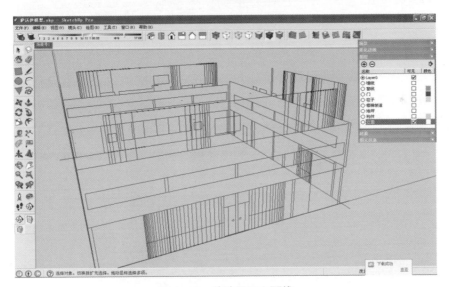

图 4-15 单独显示立面线

步骤 4：创建地坪。

打开图层窗口，将"地坪"图层设置为当前绘图图层，单击可见按钮（◉地坪 ☑）。沿外轮廓线画矩形，并选中所画矩形和地坪组。单击鼠标右键，选择"相交面"→"与选项"按钮（相交面 ▸ 与模型 反转平面 与选项）。在新完成的面上单击鼠标 3 次，选中面及线后将其转化为组。将室内地坪单独成组。通过操作，可以将线快速转化为面，而省去描线操作（图 4-16）。

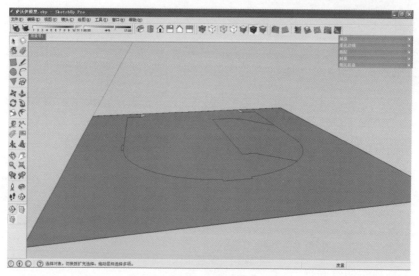

图 4-16　将线转化为面

用推拉命令将室内地坪向上推拉一步，台阶高度为 150 mm（因无相关数据，根据国内建筑相关惯例进行操作，以后再无数据时，采用同样操作）；将图层全部设置为可见，并把一层平面上升到与室内地坪同高；设置地坪为唯一可见（图 4-17）。步骤 4 的分解如图 4-18 所示。

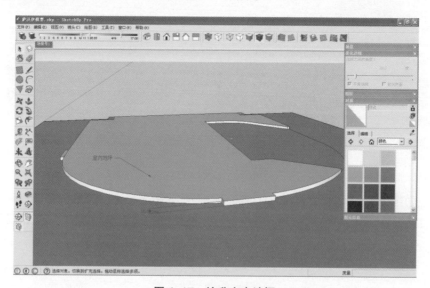

图 4-17　抬升室内地坪

图 4-18 步骤 4 的分解

第二节 梁、柱网、楼板的建立

本节讲解了建筑结构体系的制作过程。示例中采用了混凝土框架体系，所以本节的模型制作分为建立柱网、建立梁、制作楼板等步骤（图 4-19）。由于制作中可能造成数据上的偏差，所以在制作中要注意对前一个环节的影响，从而避免误差累计造成模型错误。4 个步骤中图层可见主要是避免其他图层（其他节点的线段）对本图层中线段的影响，以使图线一目了然。今后在其他模型制作过程中也会经常见到此步骤。柱网是建筑的承重部分，柱网的建立可以直观的反应建筑的纵向受力结构，也是对建筑设计受力合理性的一次重要检查。梁在建筑中是将荷载传递给柱子的重要构件。通过梁的连接，单个柱子也相互之间起到了支撑作用，保证了结构体系的稳定性。楼板除了是重要的承重构件外，还起到了分割上、下空间的作用。如何在楼板开洞是楼板空间设计的重点。

图 4-19 本节步骤

步骤 1：设置柱网为当前图层，且使之单独可见。

打开图层窗口，将"柱网"图层设置为当前绘图图层，单击可见按钮 `◎ 地坪        ☑`。关闭其他图层的可见状态。沿外轮廓线画矩形，并选中所画矩形和柱网组。如图 4-20 所示，单击鼠标右键，选择"相交面"→"与选项"按钮。在新完成的面上单击鼠标 3 次，选中面及线后将之转化为组。

如图 4-21 所示，将封闭的柱面组中多余的线、面删除，然后用"Ctrl+正向"组合键框选画面，建新立组。重新检查柱面的个数，保证之前的操作没有错误地删除柱面。如果误操作，请在本步骤中及时修复。如果之后修复，可能造成后补柱子定位偏差，从而影响作图精度。

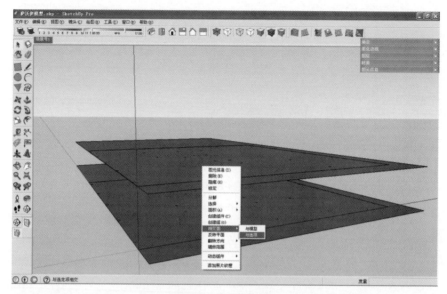

图 4-20　封闭柱面

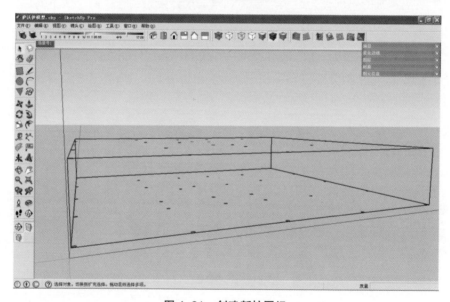

图 4-21　创建新柱网组

本步骤的分解如图 4-22 所示。

图 4-22　步骤 1 的分解

步骤 2：创建柱子组件，并建立一层柱网。

打开"立面"图层。进入柱网组，选择一个圆面。如图 4–23 所示，创建组件"圆柱 D=200 mm"。将圆心为修改组件轴。如图 4–24 所示，用推拉命令向上建立圆柱，高度至一楼顶部（H=3 180 mm）。柔化圆柱边线，消除柱子的棱角感，使之看起来更加光滑。方形柱子的制作可参照圆柱制作流程，但不用进行柔化操作。

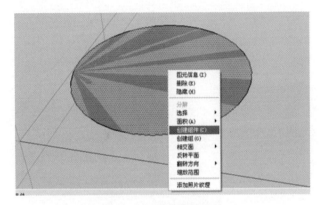

图 4-23　创建圆柱组件

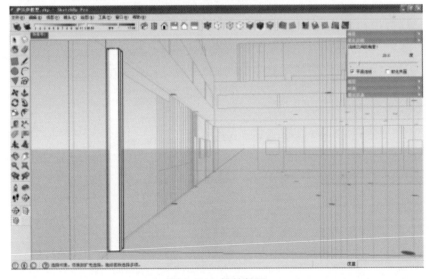

图 4-24　推拉柱子

关闭"立面"图层。如图 4–25 所示，用移动复制命令"Ctrl+M"来复制下一根柱子，长度为 4 750 mm（ 长度 4750.0mm ），如果柱网是等距分布，可以采用"*n"命令来复制其他横排柱子。如图4-26所示，选中横排柱网，用上述方法建立纵列柱网。示例中，建筑的大部分柱子是等距的，个别柱子由于空间设计的需要采用了不同的间距，需要根据图纸来单独复制或移动已经复制的柱子。

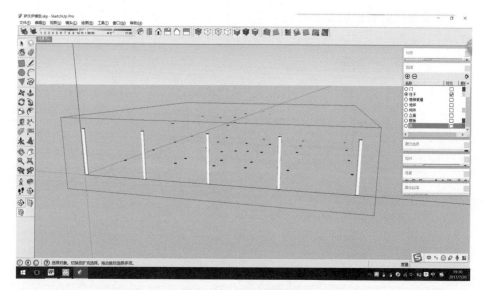

图4-25 创建横排柱网

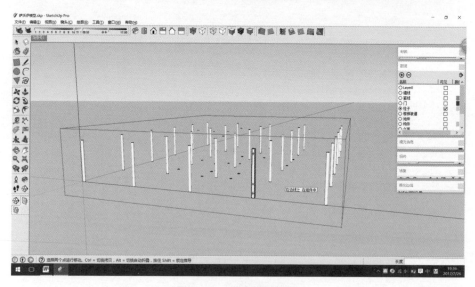

图4-26 创建纵列柱网

　　参照平面柱网点，修改柱网密度。将多余的柱子删除，增加加密柱。用同样的方式设置方柱（200 mm×200 mm），并将之逐个复制到其他位置。一层柱网建立完毕。最终效果如图 4-27 所示。将地坪图层打开，检查柱网和地坪层的契合程度。如果有出入，在本步骤中参照 CAD 图纸修改位置。

　　本步骤的分解如图 4-28 所示。

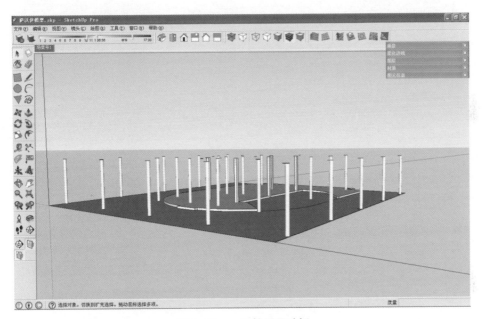

图 4-27　一层柱网及地坪

图 4-28　步骤 2 的分解

　　步骤 3：建立一层梁。

　　根据立面数据，初步判断梁截面为矩形，宽为 200 mm，高为 240 mm。如图 4-29 所示，在方柱侧面画出梁的截面，并创建组。如图 4-30 所示，用推拉命令推拉出需要的长度。在推拉过程中可以直接穿过立柱，这样可以直接形成梁柱关系。

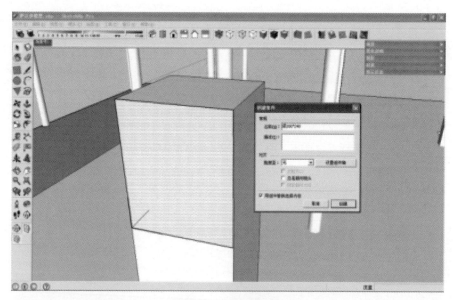

图 4-29　创建梁组件

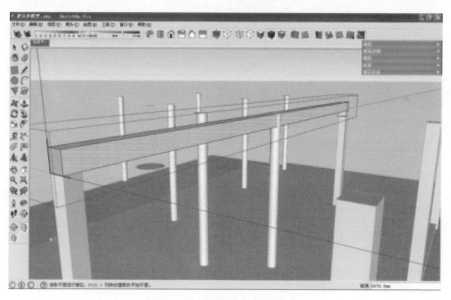

图 4-30　用推拉命令编辑梁

　　根据实景图建立横梁。其主要分布在室内，室外较少出现。如图 4-31 所示，为保证效果，矩形横梁端头和圆柱交接处应修改长度，以保证设计效果。图 4-32 所示为修改后的最终效果。可见，修改后的梁端头效果要明显好于修改之前。这保证了后期出图的质量，同时在本步骤修改，直观且容易。

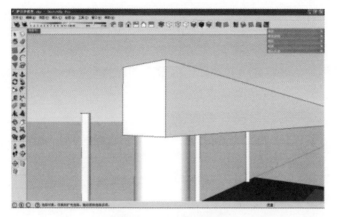

图 4-31 柱头修改前

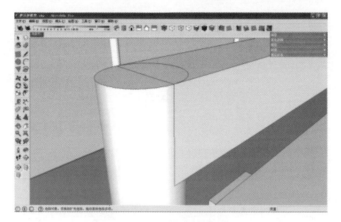

图 4-32 柱头修改后

根据实景图建立的其他横梁（图 4-33）。

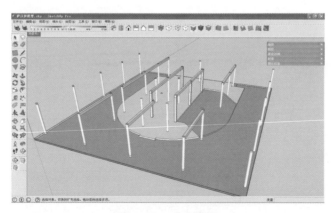

图 4-33 建立横梁

用旋转复制命令，旋转90°复制，得到纵梁。修整纵梁长度、柱头部分，使之复合建筑实际。根据图片或图纸部分，判断整体的纵梁分布，如图 4–34 所示。在模型中，坡道处梁较小，但因数据和图片资料不足，无法判断横截面尺寸，故制作时和其他梁一致。

选择所有梁，建立一个组。组成组后，也可以将所有梁放置于一个新的图层中，以便于以后管理，也可以不做。放置新图层时，应先选中梁组，用鼠标右键打开"图元信息"窗口，修改图层所在位置。

本步骤的分解如图 4–35 所示。

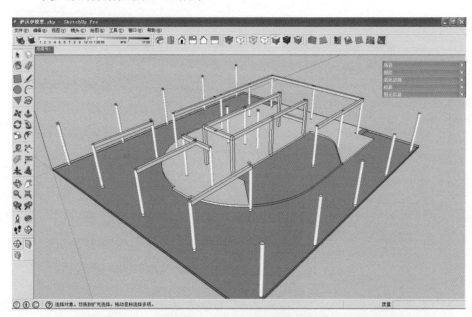

图 4–34　一层柱网和梁的分布

图 4–35　步骤 3 的分解

步骤 4：建立一层顶楼板。

根据实景分析，一层楼板应从整个外墙起，不包含楼梯坡道部分。

如图 4–36 所示，打开图层，将墙线、窗线、门、楼梯坡道图层设置为可见状态。沿外墙面画矩形，形成一个面。如图 4–37 所示，在二层室内坡道处绘制矩形，并删除面，形成空洞。

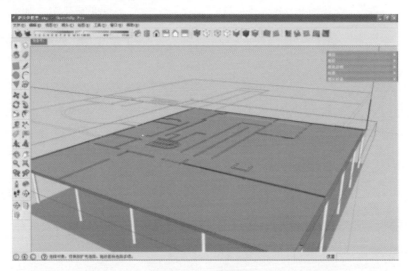

图 4-36 封闭楼板

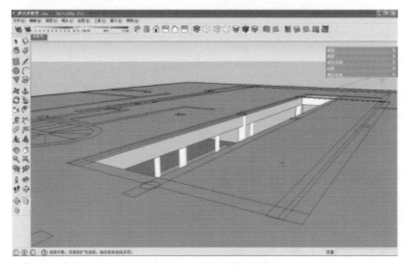

图 4-37 打开室内坡道处

同理，打开旋转楼梯处洞口。将二层平面组向上移动楼板高度（楼板厚为120 mm），设置柱子为唯一可见图层。此时形成的楼板只是单层。双击楼板平面，选中面及全部边线。单击鼠标右键，将一层楼板面创建为组。如图 4-38所示，双击进入编辑楼板组模式，使用推拉工具将楼板平面向上推高 120 mm（此为预估值，可以根据建筑构造课程内容自行调整）。

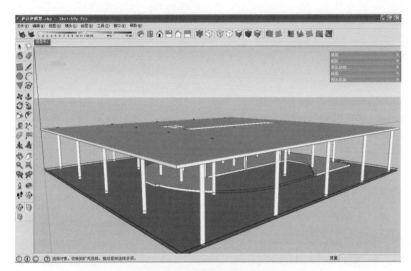

图 4-38 一层柱、梁、楼板

双击楼板上面，反选面，只留上面边线，单击鼠标右键选择"隐藏"（楼板处无墙体的边线不隐藏）。另一种做法是将楼板向内缩小一个墙厚距离，在制作二层墙体时将楼板覆盖，同时也要隐藏一些不需要的边线。第一种方式的好处在于操作简便，从室内角度不显示外墙边线。第二种方式稍麻烦，且室内表现需要隐藏不必要的边线，但是外观表现是一个整体。请根据自身的需要选择制作过程。

本步骤的分解如图 4-39 所示。

图 4-39 步骤 4 的分解

步骤 5：建立二层柱、梁、楼板。

由于在框架体系中，上层梁、柱网通常与下层一致，而在特别设计空间内采用不同的梁柱布置形式，所以可以通过复制一层柱网来快速形成二层框架。

如图 4-40 所示，选择一层柱和梁组（此时便能看出同类构件成组的优势），使用移动复制命令（Ctrl+M），限制向上移动复制（↑）至楼板上表面。使用"图层"窗口恢复显示二层平面图层。如图 4-41 所示，根据二层平面图，修改柱子的位置，删除多余柱子。根据实际照片，修改梁。需要注意的是，在二层中，由于有通向外部平台的门和平台的坡道，所以在平台处的横梁设置与一层还是有差别的。这提醒同学们在今后的建筑设计中要考虑实际需要设置横梁。

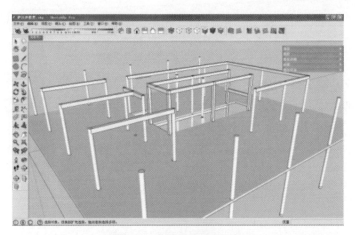

图 4-40　移动复制柱、梁

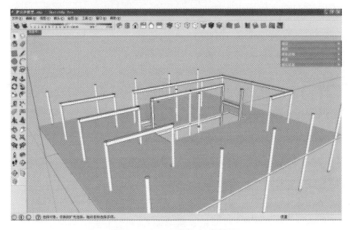

图 4-41　删除柱，修改梁

　　如图 4-42 所示，打开图层，将墙线、窗线、门、楼梯坡道图层设置为可见状态。沿外墙面画矩形，形成一个平面。在二层室内坡道处绘制矩形。单击选中绘制的矩形，并删除面，形成空洞。用直线命令延二层外庭院边界绘制轮廓线。单击选中绘制好的外庭院轮廓线，删除面，形成外庭院上空的洞口。双击选择二层楼板顶面及边线，单击鼠标右键，创建组。双击进入楼板组编辑模式，将二层顶平面上升一层楼板厚度 120 mm（同一层顶板制作）。设置除柱子图层外的其他图层为不可见。

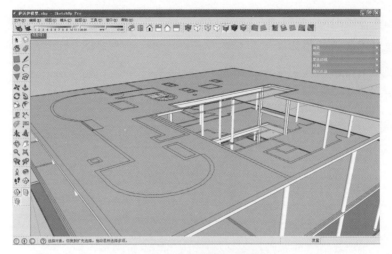

图 4-42 二层楼板面及洞口

　　还有一种建立二层柱网的形式。可以直接编辑一层柱网高度，使其上升后穿越一层顶板，形成二层柱网。再根据二层实际柱网布置形式进行调整。这种做法的好处是更符合实际柱网的形式，并容易形成整体。但是在对二层柱网调整的过程中可能带来操作上的不便或使程序较为复杂。请自行尝试这种制作方式，取得两种制作过程的经验，以便在今后的建筑模型制作中适当地选取制作方式。

　　图 4-43 所示为建筑整体的承重体系制作完成图。这种制作方式既方便对建筑进行研究，又方便根据自己的喜好修改和重新设计建筑。

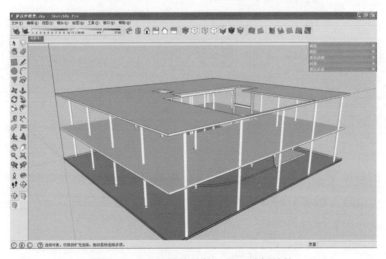

图 4-43 建筑整体的柱、梁、楼板结构

图 4-44 所示，建筑承重结构采用 X 射线模式的显示样式。这种模式可以直观地表述建筑的整体结构的空间关系，形成一种特殊的透视关系。可以在今后的表现中尝试不同的 X 射线模式来表达自己的建筑设计思想。这是一种很有意思的方式。

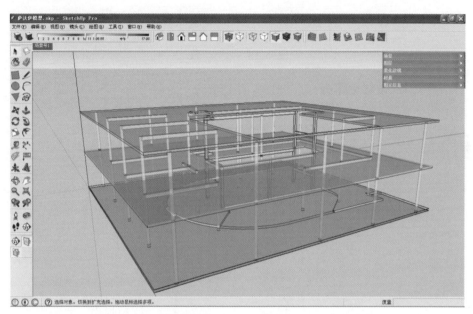

图 4-44　建筑整体的柱、梁、楼板结构（X 射线模式）

本步骤的分解如图 4-45 所示。

图 4-45　步骤 5 的分解

第三节　墙体的建立

在框架体系中，墙体是建筑中重要的维护构件，同时也是重要的非空间分割构件。同时，墙体上的开洞（门、窗等）不仅具有采光、通风、进出等功能作用，而且还具有视线流动等空间作用。一般的做法有两种。一种是直接在立面上绘制矩形墙面，做成单片墙面。另一种是先绘制一个矩形的墙厚，再通过推拉命令进行高度或者长度上的调整。这两种方法都有其弊端，以下介绍利用图纸进行快速操作以快速形成双片墙体的过程。总的来说可以分为封闭墙体平面、推拉墙体高度、修改洞口 3 个步骤（图 4-46）。

图 4-46　本节步骤

步骤 1：设置墙体为当前图层，并使其可见。隐藏除一层柱、梁外的其他组。

打开"图层"窗口，将当前图层修改为墙线，并设置为可见，同时保持地坪和柱子图层可见，以保障墙体的操作有据可依（图 4-47、图 4-48）。

图 4-47　设置图层

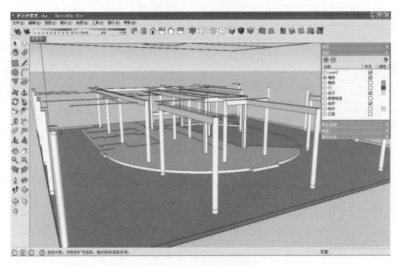

图 4-48　隐藏其他组

本步骤的分解如图 4-49 所示。

图 4-49　步骤 1 的分解

步骤 2：一层整体墙面的建立。

如图 4-50 所示，编辑一层墙线组，并在组内绘制能够涵盖所有线的矩形。用组合键 "Ctrl+A" 进行全部选择，选择组内所有面及线。单击鼠标右键，在菜单中选择 "相交" → "与选项" 功能。如图 4-51 所示，删除外围矩形边线，这样可以快速闭合所有一层墙体底面。

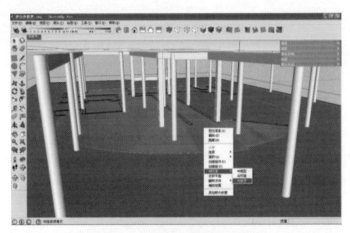

图 4-50　创建巨型面并使之相交

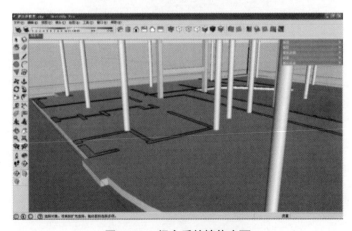

图 4-51　闭合后的墙体底面

如图 4-52 所示，使用推拉命令，将其中一个一层墙面推高至一层梁下。

如图 4-53 所示，在上一个推拉命令之后（不能进行其他命令操作），双击其他墙体底面，将其快速推拉到同一高度，完成所有一层墙体。需要注意的是，一层墙地面是同一平面形式。换句话说，要求墙底面的正、反面是相同的。

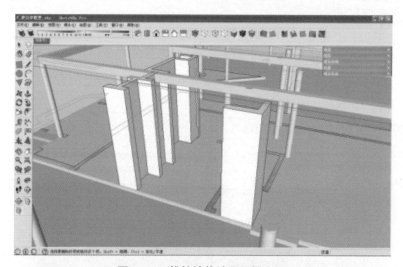

图 4-52　推拉墙体地面至梁上面

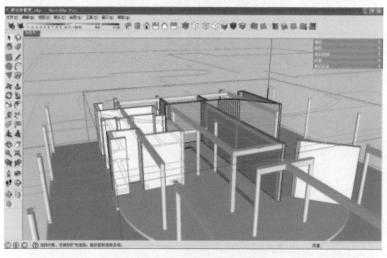

图 4-53　快速推拉其他墙体

由于采用推拉命令制作墙面，弧面墙体呈现出多个平面衔接的效果，这直接影响了制作的美观程度，所以接下来要处理墙面，使其呈现出光滑的弧面。

如图 4-54 所示，单击弧面墙体 3 次，快速选择弧面墙体各个面及边线。打开"柔化边线"窗口，选择 20°左右（可以根据需要进行调整，这里大约在 20°时已经能呈现出光滑弧面），完成弧面墙柔化。退出墙体组编辑模式。

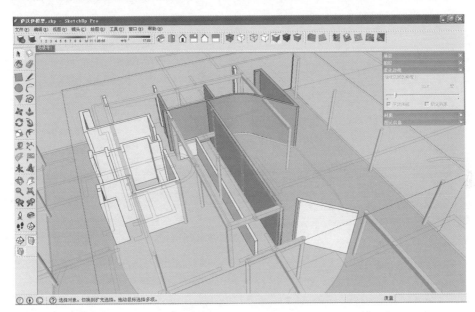

图 4-54　一层墙体

本步骤的分解如图 4-55 所示。

图 4-55　步骤 2 的分解

步骤 3：建立一层窗口墙体。

如图 4-56 所示，打开"图层"窗口，设置窗线和立面图层可见。在墙体组编辑模式下，用矩形工具根据立面窗口位置画出窗上、下墙体截面。先确定立面图中的窗口下边界位置，移动光标，使系统自动生成辅助线，并移动到墙体开口处。这样做的优点是可以不用输入数据，操作也比较简便快速。这需要操作有一定的稳定性，并且不能更换视角。

如图 4-57 所示，在确定窗口的下边界点后，在墙体厚度方向上绘制一个矩形。同样的，在窗口的上边界也绘制一个矩形。

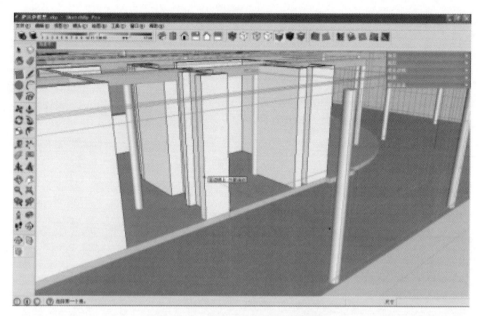

图 4-56　限定立面高度画墙截面

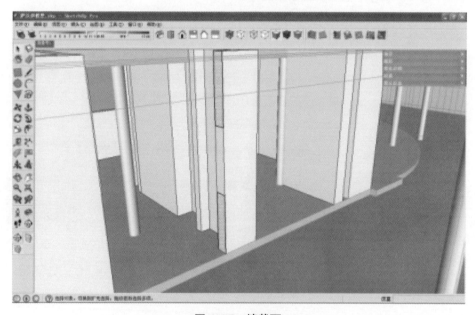

图 4-57　墙截面

　　如图 4-58 所示，推拉墙体上边界矩形截面至另一侧墙体。之后，在下边界矩形截面处双击，快速推拉下边界墙体至另一侧墙体。如图 4-59 所示，在墙体内、外面上删除多余的线段，保持墙面的完整统一。

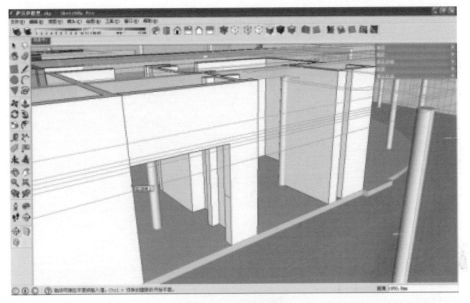

图 4-58　推拉墙截面

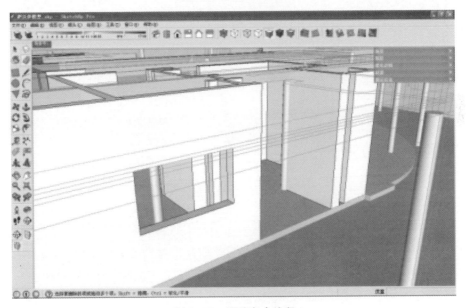

图 4-59　删除多余线段

　　如图 4-60 所示，用同样的方式完成其他墙体窗口处的制作。需要注意在建筑正面的大玻璃窗处的细节处理。在建筑后立面处的长条形大窗上边界直接位于梁的底部。另外在美观上需要注意的是应隐藏不需要的边线。也可以在本步骤中不隐藏，在后期出图时，根据需要再适当的处理边线问题。

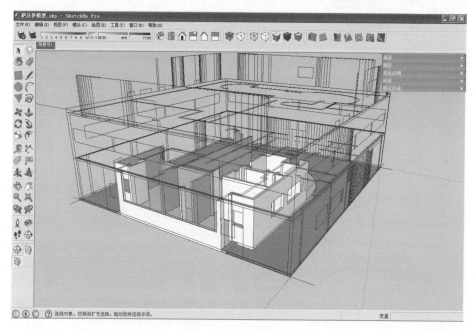

图 4-60　一层开窗

本步骤的分解如图 4-61 所示。

图 4-61　步骤 3 的分解

步骤 4：建立一层门口墙体。

打开图层窗口，设置门图层可见，关闭其他必须要的图层可见状态。一般门高为 2 100～2 300 mm。这里根据效果将门高设置为 2 300 mm。如图 4-62 所示，在墙体组编辑模式下，用矩形工具从地坪起向上在墙体洞口处绘制截面，输入尺寸 2 300（ 尺寸 2300 　），宽度为墙体厚度。绘制的矩形将墙截面分割为上、下两个部分。

如图 4-63 所示，使用推拉命令将上部矩形推拉至另一侧墙面，并删除墙内、外侧的多余线段，保持墙面的完整。

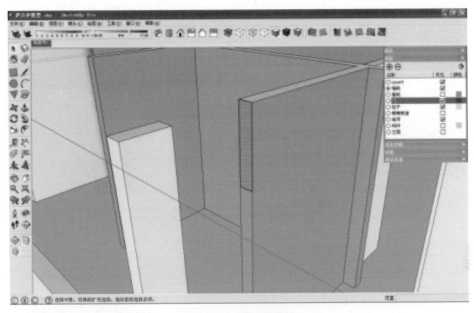

图 4-62 绘制墙截面

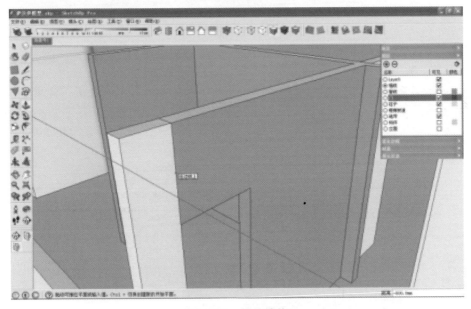

图 4-63 推拉墙体

如图 4-64 所示，用同样的方式完成其他墙体。需要注的是楼梯处的矮墙。其高度与其他墙体不一致，可以根据照片对照高度进行设置，并在后期制作中进行修改，以使其达到合适的高度。

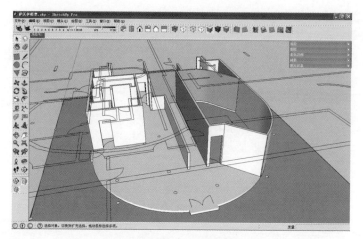

图 4-64　一层墙体

本步骤的分解如图 4-65 所示。

图 4-65　步骤 4 的分解

步骤 5：建立其他层墙体。

如图 4-66 所示，重复上述步骤，建立二层墙体。其中，内窗高度应参照外窗数据。如果有特殊窗口，可以参照照片或效果图进行单独设置。制作完成后，需要删除多余边线，完成细部处理。

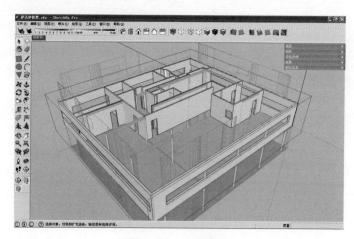

图 4-66　二层墙体

　　如图 4-67 所示，重复一层墙体的制作过程制作三层（顶层）墙体。需要注意的是，顶层的外围女儿墙应参照立面数据（根据照片预估为 240 mm）。制作完成后，需要删除多余边线，完成细部处理。

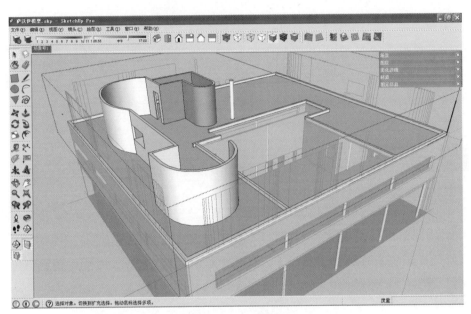

图 4-67　三层墙体

第四节　旋转楼梯的制作

　　本示例中的旋转楼梯是双跑楼梯和旋转楼梯的的结合，也可以说是双跑楼梯的一个变种。它是将双跑楼梯中间平台部分做成了旋转楼梯的形式。其目的是进一步减小楼梯所占的空间，同时在设计上也可以融入一些弧形、半圆形等视觉要素。但其也有一些弊端。例如在旋转部分的通行能力将受到限制，并且也没有了中间休息的功能。本示例中的旋转楼梯的制作分为旋转部分台阶的制作、直跑部分台阶的制作和栏板扶手的制作（图 4-68）。

图 4-68　本节步骤

步骤 1：设置楼梯台阶为当前图层，并使之可见。

打开"图层"窗口，隐藏除一层柱、梁外的其他组。楼梯是结构中较为复杂的一部分，为在做的时候更方便，需要隐藏其他不必要的图层，只留下梁、柱图层，确定楼梯的具体位置。

步骤 2：建立旋转部分台阶。

在楼梯图层中，用矩形工具在大于楼梯平面绘制矩形后，可以发现不是所有的平面都能闭合形成封闭的平面。如图 4-69 所示，由于半圆形由 CAD 导入到 SketchUp 中时变为多段线，直线和 SketchUp 中的半圆在交界处会产生不衔接的现象。首先应该修复这种错误。

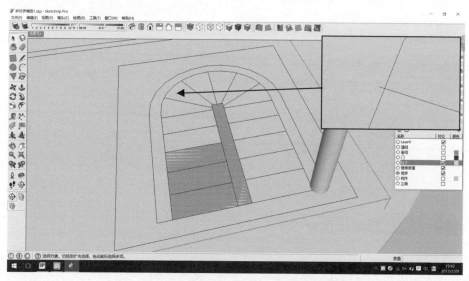

图 4-69　CAD 导入 SketchUp 时产生的错误

如图 4-70 所示，先选中多段线，打开"图元信息"窗口，将段的数值修改为旋转楼梯台阶的整数倍。这里修改为 60。这样多段线看起来更接近半圆形。之后，使用直线工具，描绘半圆内的直线，来封闭每个扇面。

双击选中扇面和边线，并将每一个扇面组成组。根据实际楼梯台阶个数（18个）和层高（3.23 m）计算出台阶高度约为 180 mm。编辑扇面组，使用推拉工具，将扇面推拉 184 mm 高。如图 4-71 所示，使用移动命令将台阶按照空间关系排列好。

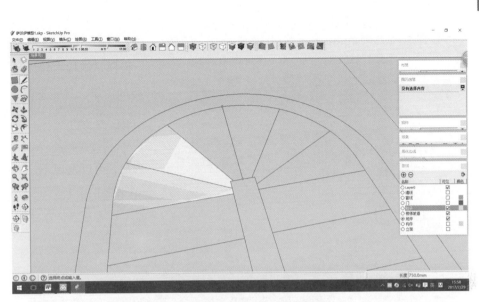

图 4-70　修改半圆段数后封闭扇面

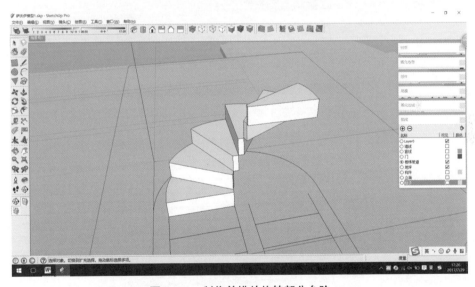

图 4-71　制作并排放旋转部分台阶

步骤 3：建立直跑部分台阶。

封闭一个台阶平面，并在鼠标右键菜单中创建组件。组名可以设置为"旋转楼梯直跑踏步"，以便于以后查找。双击进入组件编辑后，使用推拉命令将台阶高设定为 190 mm。如图 4-72 所示，选中一条长边，使用移动复制命令，向两个相交平面内侧 20 mm 处各复制一条直线。使用推拉命令，将分割出的矩形分别推高 2～3 mm，做出防滑条效果。

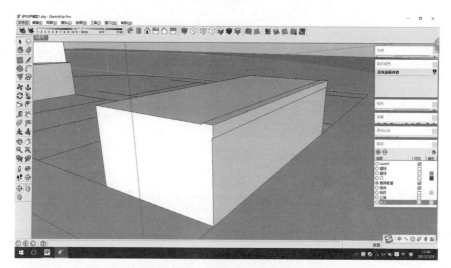

图 4-72　直跑部分台阶的制作

如图 4-73 所示，采用连续移动复制命令（使用组合键"M+Ctrl"进行移动复制后再使用"*5"命令）连续复制 5 个排列好的台阶。使用旋转命令，将最后多复制的一个台阶旋转 180°后移动至旋转台阶顶端位置。使用移动命令，将排列好的旋转台阶部分升高至所需要的位置。使用连续移动复制命令，完成剩余台阶的制作。

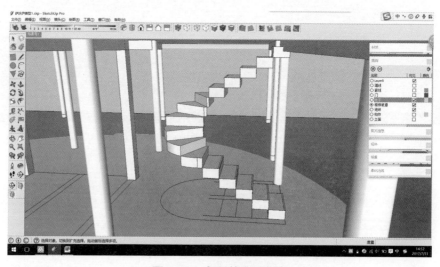

图 4-73　复制并排列台阶

炸开台阶所有组件，用直线命令连接台阶对角线，做出"折线版"的螺旋线，删除多余楼体部分，此时楼体底面为空面，在底面用直线连接形成三角形面（三角形一定在同一面，连接成三角形必然能封面），依次连接成三角形面，按住"Ctrl"键用橡皮命令擦除地面三角连线（产生柔化作用，使底面看起来像圆滑过渡的面）。把楼梯台阶整体建立成组件。

步骤 4：建立栏板。

观察实物栏板样式。使用直线命令修改封闭图纸中栏板的底面。将封闭的栏板平面创建组群。根据判断，栏板的高度为 900 mm，所以，在栏板组群编辑模式下，使用推拉工具将栏板底面向上推高 900 mm。如图 4-74 所示，制作出一层旋转楼梯 U 型栏板。

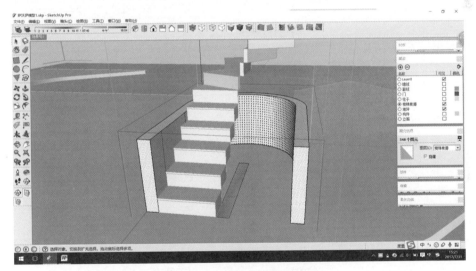

图 4-74　一层 U 型栏板的制作

如图 4-75 所示，使用直线命令将楼梯右侧栏板地面从第一个台阶处分割为两个平面。使用推拉命令将另个平面升高 900 mm。删除上面及两侧的直线，使上边成为一个统一的面。选中内侧立面，使用移动命令，将立面底部升高至相应台阶底部高度。

如图 4-76 所示，选中楼梯入口右侧栏板上平面，使用移动复制命令将之移至左侧，并用直线命令封闭相应的面，使其与右侧栏板相同。删除多余的线段，使统一平面内面成为一个面。使用"E→Ctrl"的方式隐藏不同平面内的边线。

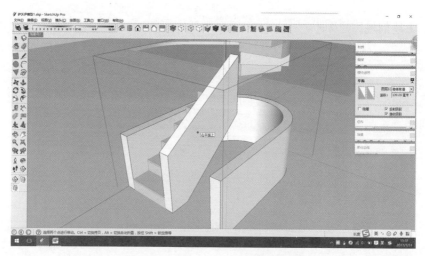

图 4-75　楼梯入口右侧栏板的制作

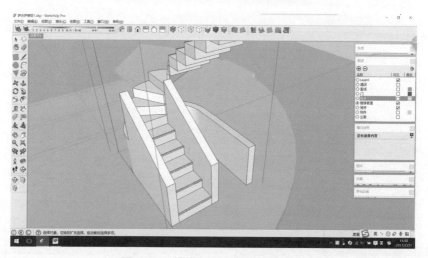

图 4-76　楼梯入口左侧栏板的制作

　　将之前的旋转部分台阶全部选中，使用分解功能，重新将其组成群组。如图 4-77 所示，进入组群编辑模式，先选中需要偏移的圆弧，偏移复制台阶边缘线，并使用直线命令将不能复制的直线补全，封闭偏移出来的面。使用选择命令，按住"Ctrl"键进入添加选择模式，双击选中封闭的平面并组群。使用推拉命令将平面推高 900 mm。使用"E→Ctrl"的方式柔化侧面多余线段。在制作的过程中可能出现由捕捉精度的问题所引起的偏移误差和无法封闭的问题。所以，在操作的过程中要特别注意捕捉精度及观察延长线线的位置。如果出现上述问题，应及时更正，避免由于误差累计造成之后作图无法弥补的错误。

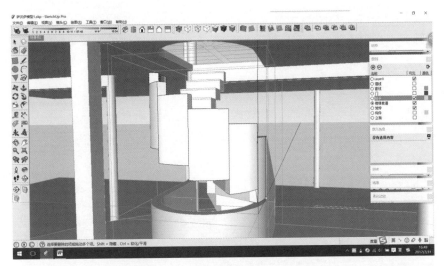

图 4-77　旋转部分栏板的初步制作

除了上述方式外，还可以先偏移并封闭一个端头的平面，推拉升高 900 mm。在选中第二个需要偏移的圆弧后，使用限制捕捉的方式进行偏移，然后封闭平面并推拉升高 900 mm，直到完成所有侧面栏板。

使用移动命令，将旋转楼梯栏板上边各点垂直下移到对应高度。具体操作如图 4-78 所示，先捕捉需要移动的点，按"↓"键，固定向下移动，捕捉对

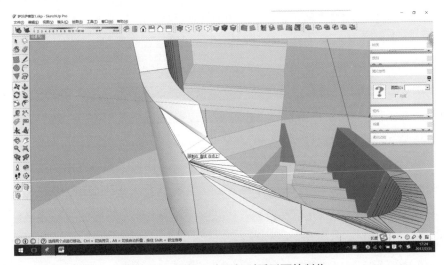

图 4-78　栏板上边不规则弧形面的制作

应位置。同理，移动下边不规则弧形面。完成后，进入旋转台阶组群，使用上述方法修改台阶下界面。如图 4-79 所示，退出组群，并选中组群，打开"柔化"窗口，根据需要修改柔化度数来柔化边线。不能柔化的边线可以使用"E→Ctrl"的方式柔化。

将旋转楼梯栏板组群剪切到栏板组群，并和其他栏板组群炸开后重新编组，形成一个完整的组群。将旋转楼梯栏板上立面移动复制到最上一级台阶处，并使用矩形工具封闭剩余栏板实体。最终效果如图 4-79 所示。

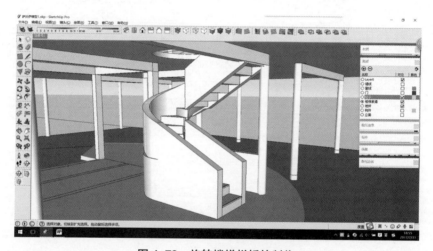

图 4-79　旋转楼梯栏板的制作

这里提供另外一种简便做法，其在细腻程度上稍有差别，仅供大家学习。在每一个台阶上用偏移命令，偏移栏板厚度，用直线命令封边，用推拉命令推出高度 900 mm。接下来用处理台阶底面的方法，用连线，按住"Ctrl"键使用橡皮擦处理弧面；在转弯内侧用画线命令画出平行四边形（注意要在一个平面内，否则无法闭合），再用拉伸命令拉出厚度（150 mm），如图 4-80 所示。

步骤 5：做出扶手。

如图 4-81 所示，在栏板组群编辑模式下，使用双击选中功能，将栏板上边线及面选中。用组合键"Ctrl+C"复制。关闭栏板组群。使用"Ctrl+V"粘贴命令，将复制的面创建一个组群。移动新建组群到原来平面处。使用移动命令，强制向上移动（M+↑）200 mm。使用橡皮功能删除曲面端头的两个短线，单击 3 次选中内侧边线并删除之，只保留外侧边线。在入口栏板曲面中心绘制

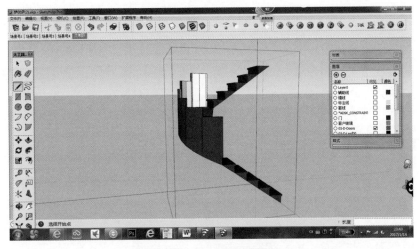

图 4-80 拉出拐弯处扶手

一个半径为 25 mm 的圆形，并强制向上移动 200 mm。单击 3 次选中刚才制作的弧形边线，使用路径跟随命令，单击移动后的圆形，生成扶手。单击 3 次选中扶手实体，通过"柔化"窗口隐藏多余线段。个别不能柔化的线段，可以通过"E+Shift"组合键进行隐藏。绘制一个半径为 25 mm、高为 250 mm 的圆柱形组件作为扶手的支撑。根据实际将其移动复制到需要的位置。其他直线扶手的制作原理是相同的。应该先用直线绘制路径线，然后绘制扶手截面，最后使用路径跟随命令完成直线部分扶手的制作。

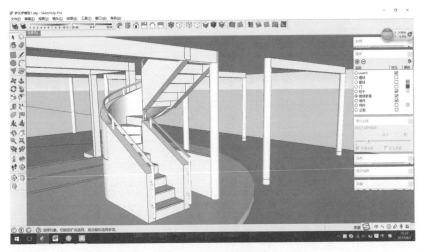

图 4-81 扶手的制作

通过移动复制命令，将二层和三层的旋转楼梯制作好。在交接的区域，可以使用实体工具进行组合。

旋转楼梯中旋转栏板是本示例中最难的一部分。其难度在于建立符合要求的螺旋线，并按照需要生成曲面。

第五节　坡道的制作

坡道主要由坡面、平台、栏板和扶手等构件组成。当然，在有些楼梯中并没有设置扶手，而栏板也可以设置为栏杆。其承重部分大多采用梁承重的方式。将坡道作为垂直交通，由于坡度的限制，需要很长的坡面。这带来了一些缺点，例如占地面积较大、路线较长等。但其也有相当的好处，如空间形式与众不同、空间更加连续等。下面将具体介绍坡道的做法（图4-82）。

图4-82　本节步骤

步骤1：设置楼梯台阶为当前图层，并使之可见。

打开"图层"窗口，隐藏除一层柱、梁外的其他组。楼梯是结构中较为复杂的一部分，为了使做的时候更方便，需要隐藏其他不必要的图层，只留下梁、柱图层，确定楼梯的具体位置。

步骤2：制作坡道承重部分。

由于在前面制作梁、柱部分时已经制作了坡道休息平台处的支撑梁，所以在本步骤中可以省略。如果在制作其他模型中没有制作，则可以在本步骤中补全。

步骤3：制作坡道面。

进入楼梯坡道组编辑模式，使用矩形连接坡道在地坪处与休息平台处的横梁（如果不容易捕捉，可以使用直线工具绘制矩形）。将新绘制的平面编辑为组。进入组编辑模式。使用推拉命令将坡面升高100 mm。如图4-83所示，选中倾斜的侧面，使用旋转工具将其修改为垂直。旋转修改后的立面，使用移动工具将坡面移动。同样修改坡道上面。将坡道与地坪相接的立面强制向下移动 100 mm。

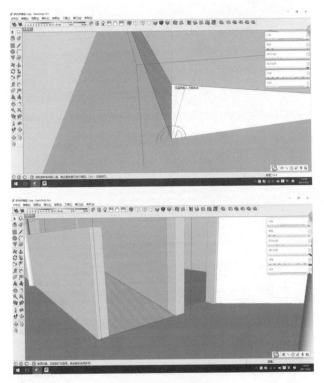

图 4-83 制作斜面

如图 4-84 所示，使用推拉工具，在坡道侧面上直接推拉出休息平台。需要注意的是，在推拉过程中应增补分割竖线。

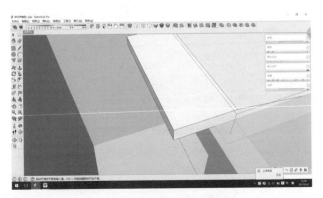

图 4-84 坡道休息平台的制作

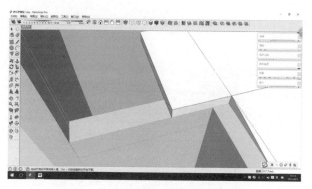

图 4-84　坡道休息平台的制作（续）

如图 4-85 所示，使用增加新平面的推拉工具（P→Ctrl），推拉休息平台侧面，至坡道另一面梁。此时将新增加一个长方体坡面。选中斜坡道侧面，强制向上移动至梁的上面。

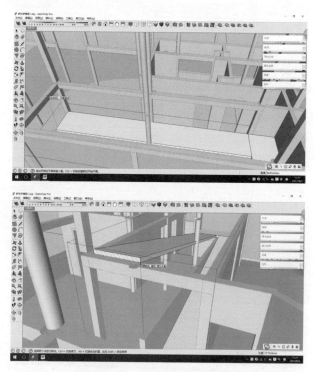

图 4-85　另一斜坡面的制作

步骤 4：制作栏板扶手。

如图 4-86 所示，首先封闭栏板平面，并将平面组成群组。使用推拉工具将栏板推高 900 mm，删除侧面多余的竖线，否则将影响下一步的操作。选中栏板侧面上边线，强制向上移动至与休息平台上面同高，再强制向上移动 900 mm。使用矩形工具在二楼平面绘出栏板侧面。使用推拉工具将栏板推拉至休息平台处。选中侧面，强制向下移动至侧面上边界与另一个栏板下边界同高。补充交叉处直线，并上传侧面多余的线段。

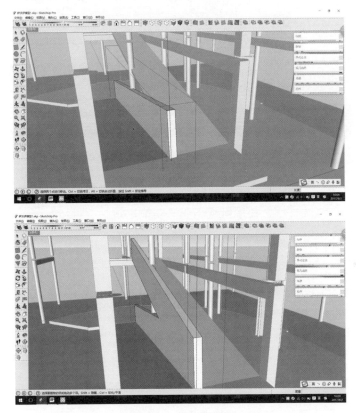

图 4-86 栏板的制作

如图 4-87 所示，使用圆形工具，在坡道入口的栏板侧面上边界绘制一个半径为 25 mm 的圆形，编辑为组群。进入组群编辑模式，沿栏板内侧绘制一条复制直线至栏板交界处。使用路径跟随命令制作扶手，删除辅助线。关闭组群编辑，将扶手向上移动 200 mm。根据照片，插入扶手支撑组件至相应位置。复制栏板侧面至另一侧，使用推拉工具，拉伸 150 mm。

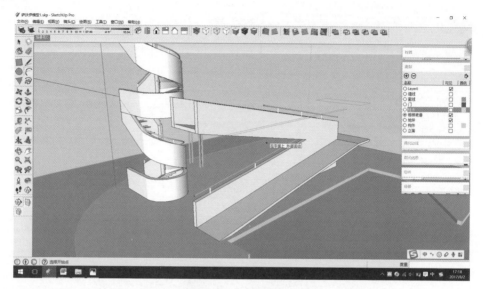

图 4-87　制作扶手

如图 4-88 所示，将一层坡面和栏板向上复制，形成二层坡道和栏板。删除多余栏板，修改扶手。使用直线工具，在最上边栏板处绘制栏杆形式。估测栏杆间距为 15 mm，总高为 450 mm。绘制圆柱形截面（R=25 mm），使用路径跟随命令制作立体栏杆。将栏杆移动至栏板中心。

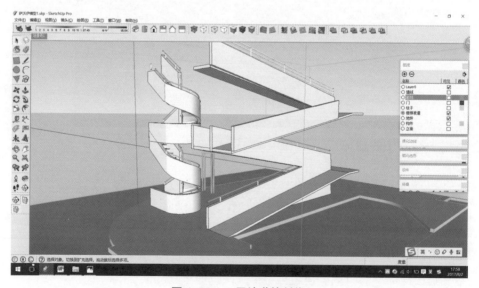

图 4-88　二层坡道的制作

第五章　模型细节的制作

模型细节的制作是增加场景真实度的手法之一。越细致的细节越真实会让人觉得，所以在完成模型的大体结构之后，即开始模型细节的制作。细节从门、窗、室内装饰、建筑外环景方面制作（图 5-0）。细节的制作会大大增加 su 文件的大小，过大会导致文件的崩溃，所以细节制作要适度，甚至只在需要渲染的部分进行细节的制作。

本章重点：处理好模型细节的制作，关键是掌握命令的快速操作技巧和简便的制作方式。

图 5-0　模型细节的制作

第一节　门的制作

模型制作的好坏取决于两部分：一是建筑结构开间尺寸是否准确；二是建筑细节是否描画清晰。建筑细节的制作是后期渲染真实与否的决定条件，所以，门、窗的制作不难，贵在精细。一般，同一建筑的门、窗样式是一样的，所以只要制作好精致的门、窗，就可以粘贴复制了。

本节的步骤如图 5-1 所示。

图层可见 ⇨ 制作门框 ⇨ 制作门板 ⇨ 插入组件

图 5-1　门的制作步骤

步骤 1：设置门为当前图层，并使之可见。

打开"图层"窗口，将门、墙设为可见。门图层除了要定位外，主要是判断门的开启方向。墙图层主要是确定门的大小及位置。

步骤 2：建立门框。

根据门洞的长、高（900×2 100），用画线命令制作出门框立面，用推拉命令拉出门框厚度（370 mm），创建组件（此处门的尺寸是按照中国常用门的尺寸设计的，萨沃伊别墅的门的具体尺寸不详），如图 5-2 所示。

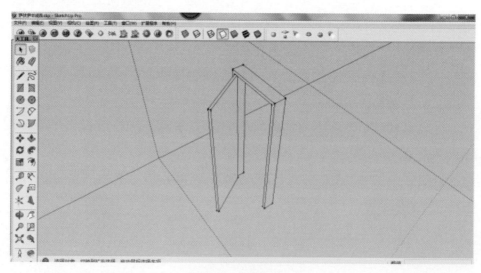

图 5-2　制作门框

步骤 3：建立门板。

沿着门框内侧线条用矩形命令制作门板立面，再用推拉命令拉出门板的厚度（60 mm），建立群组（图 5-3）。根据需要，旋转门板群组形成门打开的效果。

根据图片制作门把手（图 5-4）。画圆，用拉伸命令将其制作成矮圆柱当作门把手底座，再制作长圆柱作为门把手的连接件，最后制作长方体当作把手。

建立成群组。

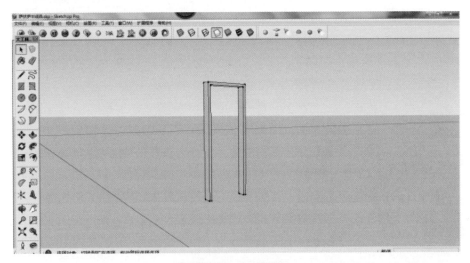

图 5-3　建立门板

图 5-4　制作门把手

步骤 4：根据洞口位置，插入门组件。

将创建好的门组件根据洞口位置进行插入，制作其余房门（图 5-5）。在插入门的过程中可以使用移动命令中的旋转功能来快速旋转，也可以运用插件 saupp，快速镜像房门。也可以使用鼠标右键菜单中的反转方向功能来快速旋转（图 5-6）。

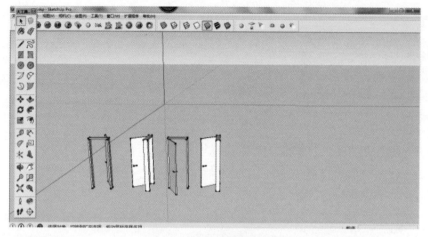

图 5-5　其余复制出来的门

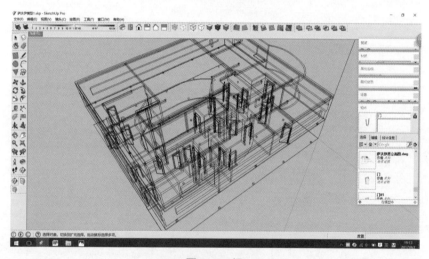

图 5-6　门

第二节　窗的制作

　　窗的制作和门的制作类似，通常选用组件较多。在制作的规格样式统一的情况下是没有问题的。但是，窗子的设计往往根据墙面的尺寸、设计风格等因素采用不同规格和样式。这就造成了在制作窗的过程中要考虑它的特殊性。

　　本节步骤如图 5-7 所示。

图 5-7　窗的制作

1. 统一样式的窗的制作

步骤 1：建立窗框。

如图 5-8 所示，根据窗洞的大小建立窗框。用画线命令画出窗框平面图，用拉伸命令拉出窗框厚度（50 mm）。注意萨沃伊别墅外立面的自由长窗是很多独立窗户组合起来的。

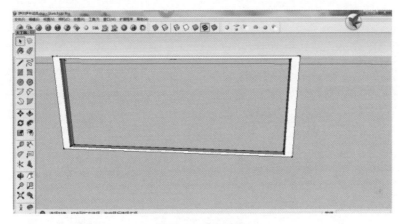

图 5-8　建立窗框

步骤 2：建立窗扇。

观察一下窗户结构，窗户是由两扇窗扇组成的，为了整体模型的真实性，这种细节是必不可少的。画出一扇窗扇的立面图，用拉伸命令做出厚度，建成群组。用平移复制的命令做出另一扇窗扇。平移，使两扇窗扇一前一后搁置在窗框内（图 5-9）。

步骤 3：制作玻璃。

用矩形命令制作玻璃，用拉伸命令拉出玻璃的厚度，以使后期渲染更真实。一般玻璃厚度为 5~8 mm（图 5-10）。

步骤 4：把整个单体窗户建立成组。

根据图片数据需要对组块进行缩放、拉伸、平移、旋转、复制，插入到模型中（图 5-11）。

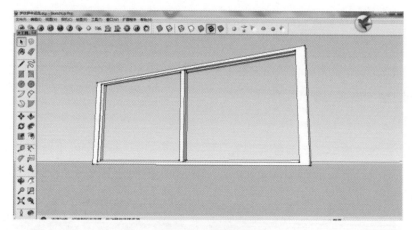

图 5-9　建立窗扇

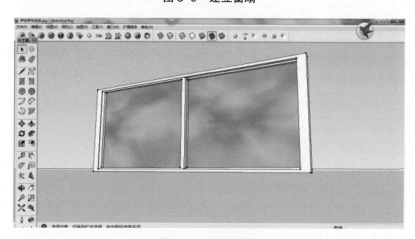

图 5-10　制作玻璃

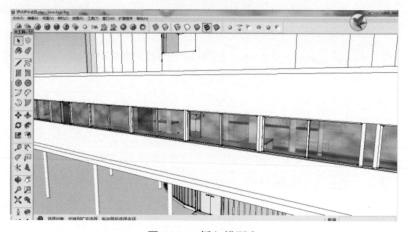

图 5-11　插入模型中

2. 特殊形式的窗的制作

百叶窗需要根据照片单独制作。

步骤1：建立窗框、窗棂。

如图 5-12 所示，百叶窗的窗框、窗棂之间是等距离平分的，根据图片数出窗棂，用平分命令"/"做出等间距的窗棂中心线。用偏移命令做出窗棂的宽度（图 5-13），删除窗棂中心线（图 5-14）；最后用拉伸命令做出窗棂的厚度（图 5-15）。

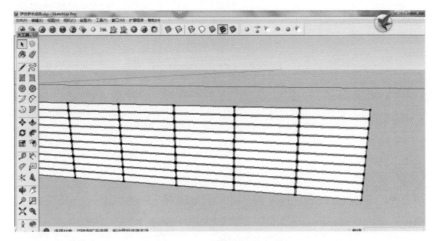

图 5-12　建立窗棂中心线

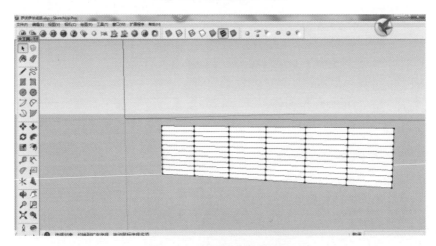

图 5-13　偏移出窗棂的宽度

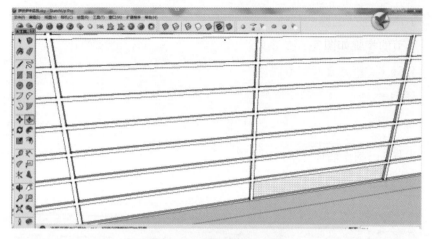

图 5-14　删除窗棂中心线

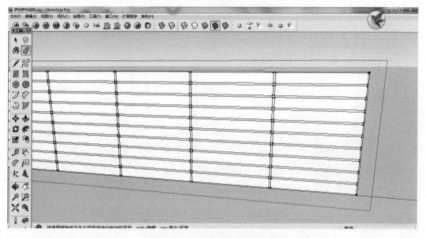

图 5-15　拉出窗棂的厚度

步骤 2：拉出玻璃的厚度，并粘贴材质。

按照之前的步骤制作玻璃。

第三节　室内装饰的制作

　　室内装饰可分为墙体装饰、家具。制作时把室内装饰单独放入一个图层内。制作的原则为：逐个屋子制作，从大处往小处制作。室内装饰虽不如建筑结构那般重要，但却是使渲染更加真实的决定因素之一。接下来以一个屋子为例，进行示范。

本节的步骤如图 5-16 所示。

图 5-16　室内装饰的制作

步骤 1：制作墙体装饰（图 5-17）。

墙体装饰一般包括刷漆上色、挂饰两部分。墙体上色部分，进入墙面图层，用颜色桶工（也有教材称之为材料、材质，不同版本的 SketchUp 的具体叫法也略有不同）有差异地上色。挂饰部分，建议从网上下载挂饰模型使用（越精细的模型在细节渲染上越逼真，但是过大的模型会造成系统卡顿闪退等现象，所以应根据后期渲染度合理甄别挂饰模型的精细程度），经典外国建筑内部一般是建筑师自行设计的，需要建筑师自己制作，制作时根据照片拉出体块即可。

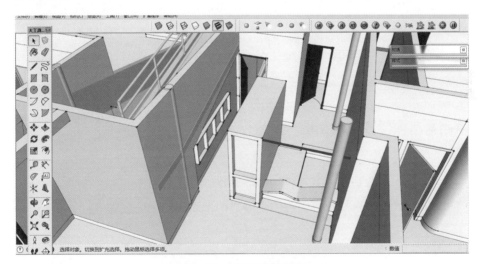

图 5-17　墙体装饰的制作

步骤 2：制作家具和其余细节（图 5-18）。

茶几、木椅子之类简单常见的家具的制作，就是把大小不同的立方体进行组装，但是若想制作更为精细的家具，就需要平时积累的组件了，精细的家具大部分是由 3D 软件做出后导入 SketchUp 的，所以建议平时多收集相关组件。

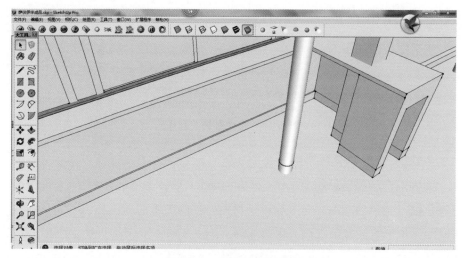

图 5-18　家具细节的制作

　　外国很多建筑的墙体装饰中，家具都是建筑师自己创作的，没有现成的组件使用，这时候就只能根据图片用做出平面、拉伸出厚度的方法来制作。这些都属于基本命令的重复应用，简单但是烦琐，需要不停地比对原图片。

　　在制作家具的过程中细致地比对图片，会发现很多细节没有制作，例如踢脚线、灯具开关等，对此可根据模型需要的细致程度进行完善。

第四节　建筑外环境的制作

　　建筑外环境的制作主要包括地形的制作、道路的制作、构筑物的制作、树木的制作。萨沃伊别墅涉及的内容为道路的制作和树木的制作（图 5-19）。

图 5-19　建筑外环境的制作

　　步骤 1：道路的制作。

　　用矩形命令新建一个平面，建成组件。在组件内，根据实际照片用直线命令和弧线命令画出道路路径，赋予其材质（图 5-20）。

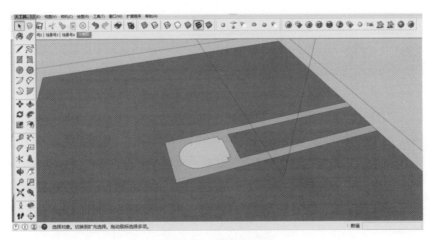

图 5-20 道路的制作

步骤 2：树木的制作。

从 SU 组件中选择合适的树木粘贴复制进此场景（图 5-21）。3D 树木真实，但占地很大。过多的 3D 树木会导致 SU 卡顿崩溃。2D 树木虽然没有 3D 树木真实，但是占地小，适合场景表达。

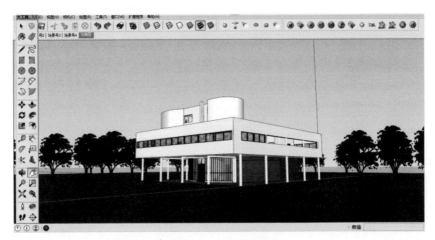

图 5-21 树木的制作

本书后面将会讲解使用 V-Ray 插件对建筑模型进行渲染的方法，从而增强建筑表现效果。

第六章　V-Ray 渲染

V-Ray 的 SketchUp 插件是较为专业的渲染引擎，为不同领域的优秀 3D 建模软件提供了高质量渲染功能。V-Ray 软件的独特之处是可实现照片级真实性再现效果，特别是在阴影表现上效果尤为突出。同时，插件可根据实际情况设定调控参数值，进一步高效性自由地控制渲染质量与速度。

本章主要从软件基础、材质赋予、光源布置和渲染四个方面进行讲解（图 6–0）。

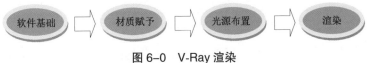

图 6–0　V-Ray 渲染

第一节　界面介绍及场景位置设置

本节讲述 V-Ray 插件在 SketchUp 中的界面以及渲染场景位置设置，并通过位置设置为后期渲染做好前期准备。本节分为打开 V-Ray 主工具栏、设置 V-Ray for SketchUp 的工具栏和 V-Ray 场景位置设置三部分内容。"打开 V-Ray 主工具栏"这部分内容介绍了如何在 SketchUp 里正确地打开 V-Ray 主工具栏以及误关后如何打开 V-Ray 主工具栏。"设置 V-Ray for SketchUp 的工具栏"这部分内容讲述 V-Ray for SketchUp 的工具栏里面各个按钮的基本功能以及作用。V-Ray 场景位置设置是渲染前期的重要准备工作，必须予以重视，以在后期多角度渲染中方便地设定场景渲染。本节的重点在于如何快速打开 V-Ray 主工具栏以及在 SketchUp 中如何快速设置场景。

1. 打开 V-Ray 主工具栏

打开 V-Ray 主工具栏，选择 SketchUp 菜单栏的"视图（ 视图(V) ）"→"工具栏"→"V-Ray：Main Toolbar（主工具栏）"，如图 6-1 所示。

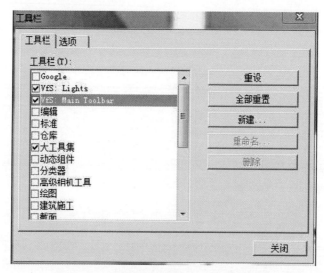

图 6-1　V-Ray for SketchUp 的主工具栏

2. 设置 V-Ray for SketchUp 的工具栏

主屏幕上出现 V-Ray 的主工具栏，如图 6-2 所示。

图 6-2　V-Ray for SketchUp 的 V-Ray：Main Toolbar（主工具栏）

相关知识点：

（1） M 是 V-Ray for SketchUp Material Editor（V-Ray 材质编辑器），单击它可以打开 V-Ray for SketchUp Material Editor（V-Ray 材质编辑器）。

（2） 是V-Ray for SketchUp Options Editor（V-Ray 渲染设置面板），单击它可以打开 V-Ray for SketchUp Options Editor（V-Ray 渲染设置面板）。

（3） 用来 Start a Render of the current scene（启动渲染），单击它可以对

当前场景进行渲染。

（4）RT 用来进行 Start an RT Render of the current scene（RT 实时渲染），单击它可以对当前场景进行 RT 实时渲染。

（5）BR 用来进行 Start a Batch Render of the current scene（批量渲染），单击它可以对当前场景进行批量渲染。

（6）用来 Open Help（打开帮助）

（7）用来 Open Frame Buffer（打开帧缓存）。单击它可以回看上次渲染结果。

（8）是 Create V-Ray sphere（V-Ray 球体），用来辅助在 SketchUp 中创建球体。

（9）是 Create V-Ray Infinte plane（V-Ray 平面），用它可以创建无限大平面，主要针对产品展示。

（10）用来 Export V-Ray proxy（导出 V-Ray 代理），用它可以导出 V-Ray 代理模型，与导入配套使用。它用在大场景当中，支持超高面的场景且占用较少的资源。

（11）用来 Import V-Ray proxy（导入 V-Ray 代理），用它可以导入 V-Ray 代理模型，与导出配套使用。它用在大场景当中，支持超高面的场景且占用较少的资源。

（12）用来 Set Camera Focus（设置相机焦点），可模拟真实相机效果。

（13）用来 Freeze RT view（冻结 RT 实时渲染），可与 Start an RT Render of the current scene RT 实时渲染配套使用。

3. V-Ray 场景位置设置

根据最终呈现效果的要求需设定场景位置，单击"视图（ 视图(V) ）"→"动画（ 动画(N) ）"→"添加场景（ 添加场景(A) ）"选项，把模型调整到透视关系良好的位置，保存设置场景模型位置，如图 6-3 所示。

之后所渲染出图效果以此为场景。为了方便查找，建议修改场景号为效果图，操作如下：单击 场景号1 后用鼠标右键选择场景管理器（ 场景管理器(S) ）进入"场景"对话框，修改名称为"效果图"，其他按照默认即可，如图 6-4 所示。

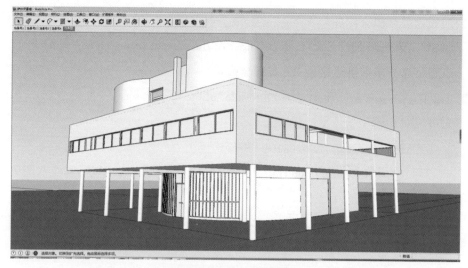

图 6–3　模型效果位置图

图 6–4　场景管理设置

第二节　V-Ray 素模设定

本节讲述素模在 V-Ray for SketchUp 中如何赋予材质、设置灯光以实现渲染效果。素模指的是渲染出来为白色的模型。本节分为 V-Ray 素模材质设定、V-Ray 素模灯光设定和 V-Ray 素模渲染设定 3 个步骤（图 6–5）。"V-Ray 素模材质设定"步骤介绍如何在 SketchUp 里设置 V-Ray 材质参数。"V-Ray 素模灯光设定"步骤讲述如何在 SketchUp 里设置 V-Ray 灯光设定与参数。"V-Ray 素模渲染设定"步骤讲述如何实现素模渲染设置与效果。本节的重点在于如何在 V-Ray for SketchUp 中快速实现素模渲染。

图 6-5　本节步骤

步骤 1：V-Ray 素模材质设定。

根据素模的最终呈现效果，分析得出模型形成自然黑白灰关系，那么首先需调节材质为纯白，排除 SketchUp 里材质贴图的影响。单击◈进入渲染设置面板，单击"Global switches（全局开关）"面板，勾选"Dverride materials（材质覆盖）"，将"Override color（覆盖材质颜色）"调为白色，其他参数如图 6-6 所示。

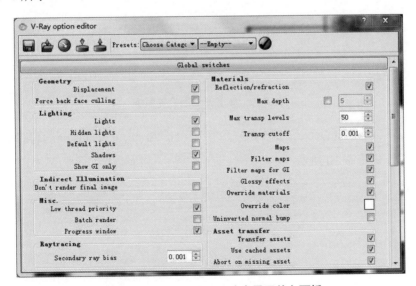

图 6-6　Global switches（全局开关）面板

步骤 2：V-Ray 素模灯光设定。

由于 V-Ray 原有的太阳光系统对模型色彩的影响，进一步实现白色光照氛围以及提供白色背景。进入"Environment（环境）"面板，单击贴图，将"M"

设置为"无"，自动变成"m"，将颜色设置为白色，数值根据渲染光亮适当调节，如图6-7～图6-9所示。

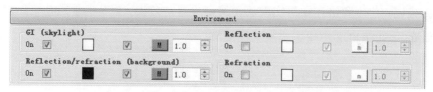

图6-7　Environment（环境）面板

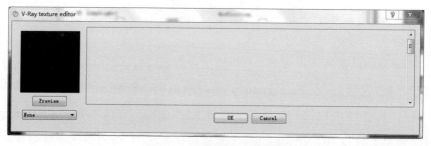

图6-8　环境贴图设置面板

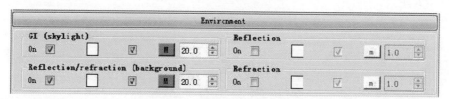

图6-9　环境无贴图设置面板

设置Ambient Occlusion（AO 贴图），设置Ambient occlusion（环境阻光），参数设置如图6-10所示。

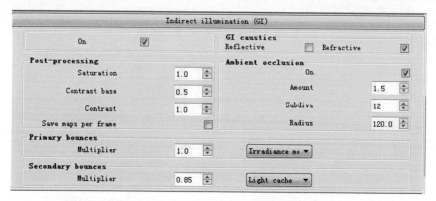

图6-10　Indirect illumination（GI）"间接照明"面板（1）

　　根据模型尺度，设置参数数量，进一步控制黑色区域的范围，如图6-11～图6-13所示。

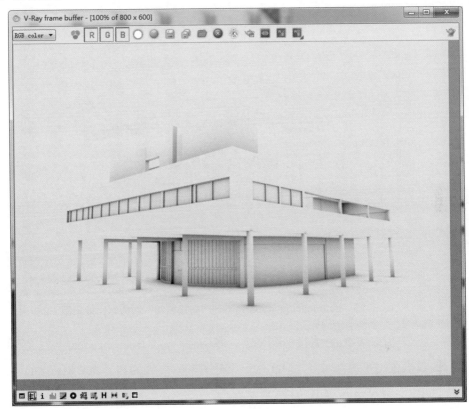

图6-11 Indirect illumination（GI）**"间接照明"** 数值对比效果图（1）

图6-12 Indirect illumination（GI）**"间接照明"** 面板（2）

图 6-13　Indirect illumination（GI）"间接照明"数值对比效果图（2）

　　步骤 3：V-Ray 素模渲染设定。渲染前，将"Irradiance map（发光贴图）"面板设置比率调低，将"Min rate（最小比率）"调为-4，将"Max rate（最大比率）"调为-3，如图 6-14 所示。

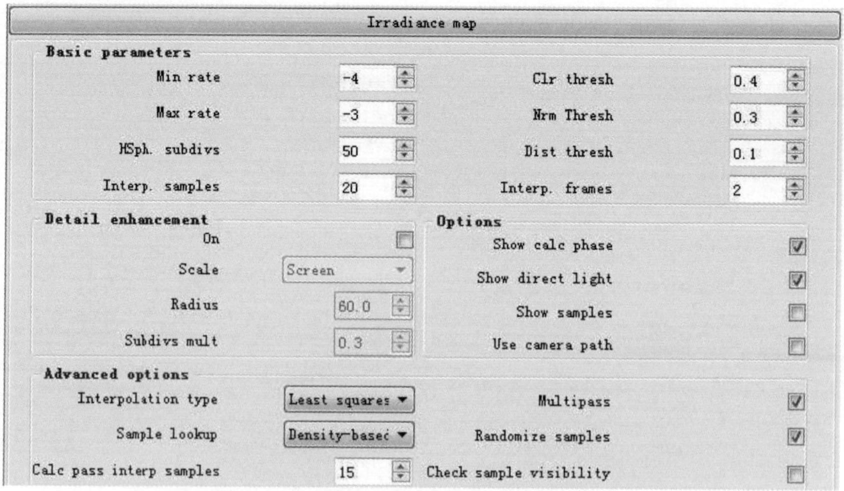

图 6-14　Irradiance map（发光贴图）面板

在"Light cache（灯光缓存）"面板里把"subdivs 细分"调低为 500 ，如图 6-15 所示。

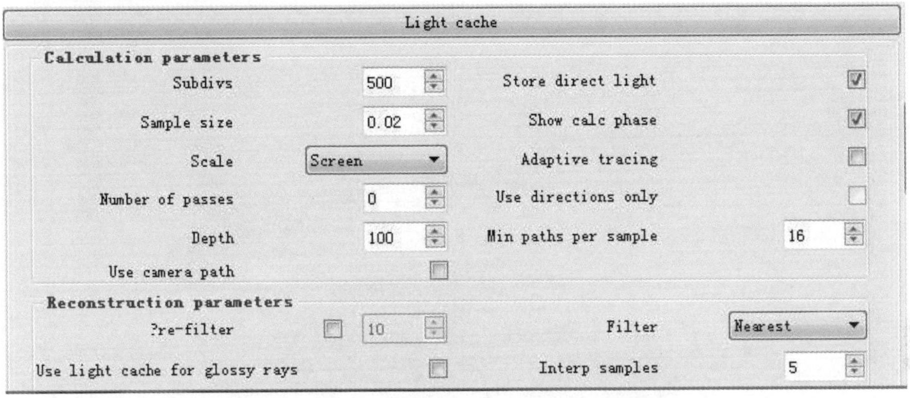

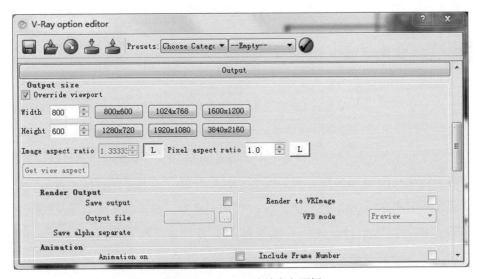

图 6-15　Light cache（灯光缓存）面板

在"Out put（输出）"面板中获取视口长宽比，单击"L"锁定比率，如图 6-16 所示。

图 6-16　Out put（输出）面板

效果呈现如图 6-17 所示。

图 6-17　最终效果图

第三节　V-Ray 精模设定

　　本节讲述精模在 V-Ray for SketchUp 中如何赋予材质、设置灯光以实现渲染效果。精模指的是渲染出来效果近似真实材质的模型。本节分为 V-Ray 精模材质设定和 V-Ray 精模灯光设定两个步骤（图 6-18）。"V-Ray 精模材质设定"步骤讲述如何在 SketchUp 里设置 V-Ray 材质参数。"V-Ray 精模灯光设定"步骤讲述如何在 SketchUp 里设置 V-Ray 灯光与参数。精模的主要效果是使模型初步达到近似真实材质的照片级效果。本节的重点在于如何在 V-Ray for SketchUp 中设置材质与灯光以实现照片级渲染效果。

图 6-18　本节步骤

步骤 1：V-Ray 精模材质设定。

通过赋予完成的模型的表面真实材质，来体现其物理属性。模型的材质赋予设置可以与建模同时进行，也可以在模型制作完成后统一设置调试。

单击 Ⓜ 进入 V-Ray Material editor（V-Ray 材质编辑器），对模型中的材质进行编辑以及预览场景中对象的材质，如图 6-19 所示。

图 6-19　V-Ray Material editor（V-Ray 材质编辑器）

其中，材质预览窗口（）可以显示当前材质球的情况，建议打开实时更新。操作如下：

单击"预览（　预览　）"按钮后，在 ✕ 上面的区域就会呈现当前材质效果，以方便编辑材质的时候观察材质的颜色、纹理质感等效果。

材质列表如图 6-20 所示，单击鼠标右键可以进行材质球命名修改、导入、应用、增加材质层等处理。

分析该模型所需材质，包括墙体、窗户、门等，可以更好地进行管理操作，在模型制作期间以方便查找设置相关材质为佳，切勿任意命名，以免混乱。

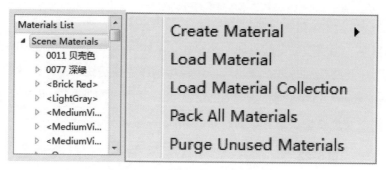

图 6-20　Materials List（材质列表）

（1）建筑外墙面材质参数设定。

在 SketchUp 工具栏里选择 或使用快捷键"B"，进入 SketchUp 材质面板，按住"Alt"键选择需要赋予材质的场景对象，鼠标指示变成吸管形状后，可吸取现有场景中所要编辑的材质，单击 V-Ray Main Toolbar （V-Ray 主工具中）的 ，进入 V-Ray Material editor（V-Ray 材质编辑器）（图 6-21）。

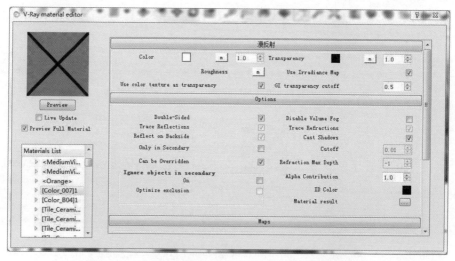

图 6-21　V-Ray Material editor（V-Ray 材质编辑器）

修改材质名称时应直接标出材质性质（图 6-22）。简单输入随意名称会使之后操作不便，或者导致重复操作。

如需要调节物体表面的颜色，在"漫反射"面板里选择 Color □ 来改变（图 6-23），也可以通过 添加贴图来实现，由于模型为白色，默认即可。

图 6-22　V-Ray Rename Material（材质重命名编辑器）

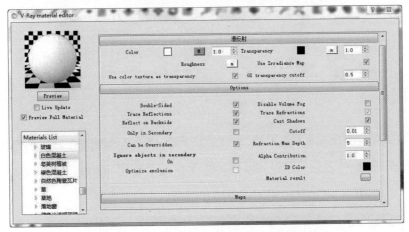

图 6-23　设置 V-Ray 材质"漫反射"面板

　　为了呈现较真实的材质效果，需要增加贴图，设置如下：单击 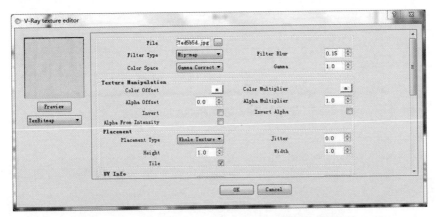，选择 TexBitmap ▼ 后添加材质，单击 ，找到材质所在文件夹进行添加操作（图 6-24）。

图 6-24　设置 V-Ray texture editor（材质贴图面板）

根据混凝土材质特点增加 Reflection（反射层），设置如图 6-25 所示。

图 6-25　增加 Reflection（反射层）

进入"Reflection（反射）"面板，在"Glossiness（光泽度）"部分调节"Hilight（高光）""Reflect 反射"数值为 0.85，单击 ■ 添加贴图，选择"TexFresenel（菲涅耳）"，如图 6-26～图 6-28 所示。

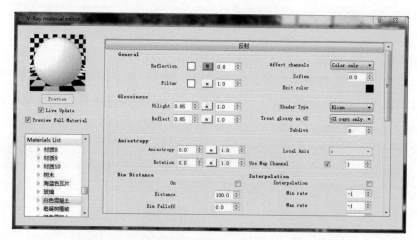

图 6-26　设置 V-Ray 材质 Reflection（反射）面板

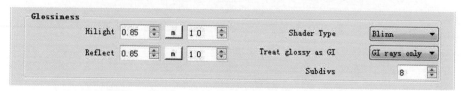

图 6-27　设置 V-Ray 材质 Reflection（反射）数值

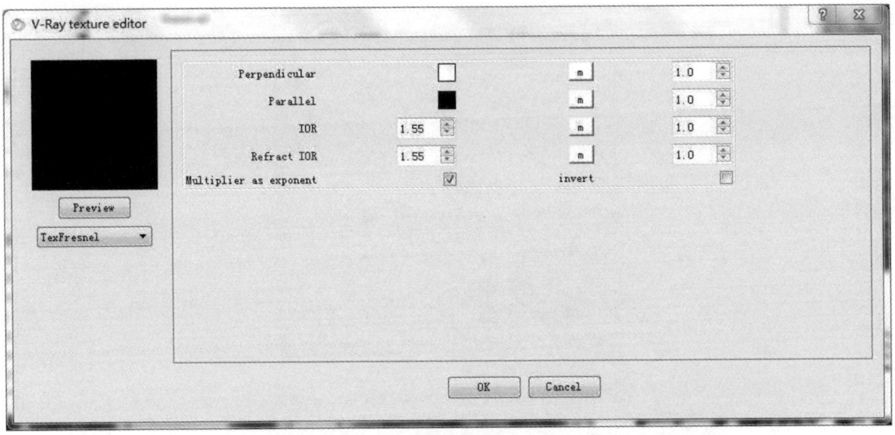

图6-28 设置 V-Ray 材质 Reflection（反射）贴图面板

为使模型呈现凹凸感，进入"Maps（贴图）"面板，勾选"Bump（凹凸贴图）"，数值为"0.7"，添加贴图，如图6-29所示。

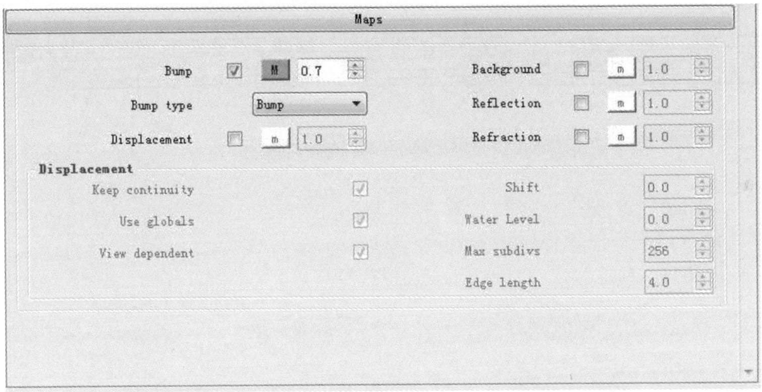

图6-29 设置 V-Ray 材质 Maps（贴图）面板

为了形成整体效果需要调整贴图大小，单击 ⚙ 并按住"Alt"键，图标变化为吸管状时，进入"材料"面板，将颜色调整为白色，将纹理面板调整为尺寸适宜建筑模型，如图6-30所示。

（2）V-Ray 建筑玻璃材质参数设定。

在 SketchUp 工具栏里选择 ⚙ 或按快捷键"B"，单击模型中的玻璃材质（图6-31），进入 SketchUp 材质面板，按住"Alt"键选择需要赋予材质的玻璃部分，鼠标指针变成吸管状后，吸取现有场景中所要编辑的材质，单击 V-Ray Main Toolbar（主工具中）的 ⓜ，进入 V-Ray Material editor（材质编辑器）。

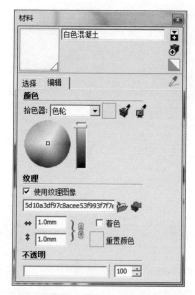

图 6-30　SketchUp 工具栏材料设置

图 6-31　模型部分

根据玻璃材质的特点，修改重命名材质球命名，添加 Reflection（反射层），如图 6-32 所示。

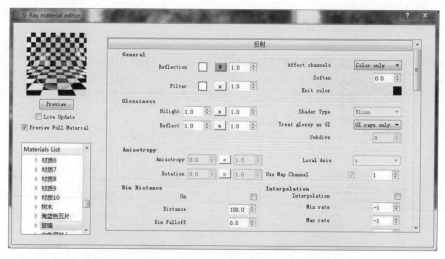

图 6-32　玻璃 V-Ray material editor（材质编辑器）

单击 ⑧ 添加贴图，选择"TexFresenel 菲涅耳"，数值采用默认值即可，如图 6-33 所示。

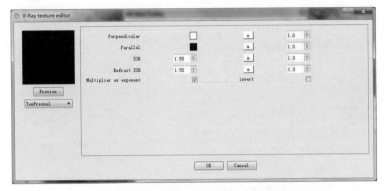

图 6-33 玻璃 V-Ray texture editor（贴图材质）设置

设置"漫反射"面板，将 Color（颜色）设置为黑色，将 Transparency（透明度）设置为白色，其他参数默认即可，如图 6-34 所示。

图 6-34 漫反射设置

添加 Refraction（折射层）。选择玻璃材质球，单击鼠标右键增加 Refraction（折射层），参数设置参考图 6-35。

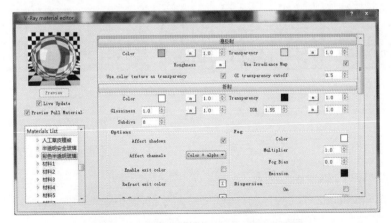

图 6-35 添加 Refraction（折射层）面板

进入"Refraction（折射）"面板，设置颜色为白色，调节"Fog（雾）"的颜色，进而控制玻璃颜色（参考值：R：226.G：216.B：191），"Multiplier（颜色倍增）"设置为0.1，如图6-36所示。

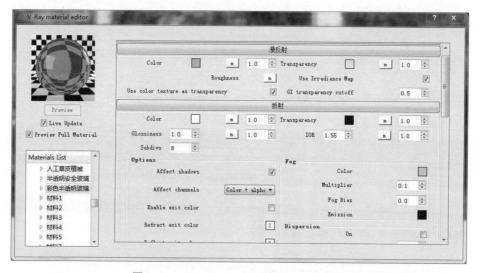

图6-36 Refraction（折射层）设置面板

选择该材质球，将材质应用到所选其他相关玻璃物体，为其他小窗户也赋予同样的材质球。设置模型中的其他玻璃材质，如图6-37所示。

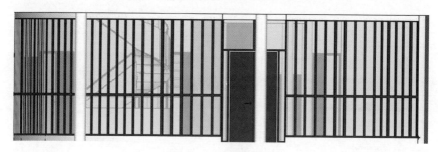

图6-37 模型部分

按"Alt"键选定相关玻璃材质，单击 ⓜ 进入 V-Ray material editor 材质编辑器进行调节。设置"漫反射"面板，将 Color（颜色）为设置黑色，将Transparenccy（透明度）设置为白色，如图6-38所示。

创建 Reflection（反射层）面板，进入反射层面板，单击 ▥ 添加贴图，贴图为"TexFresenel（菲涅耳）"，数值为默认即可，如图6-39所示。

漫反射

Color	■	m 1.0	Transparency □ m 1.0
	Roughness	m	Use Irradiance Map ☑
Use color texture as transparency		☐	GI transparency cutoff 0.5

图 6-38 设置 "漫反射" 面板

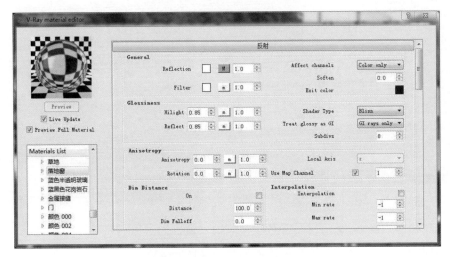

图 6-39 Reflection（反射层）设置

单击█进入 texture editor（贴图编辑器），设定为 "TexFresnel（菲涅耳）"，其他参数数值为默认即可，如图 6-40 所示。

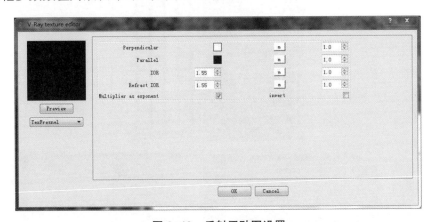

图 6-40 反射层贴图设置

创建 Refraction（折射层）面板，进入折射层面板，设置 Color（颜色）为白色，设置 "Fog（雾）" 的颜色为蓝色（参考值：R：0.G：170.B：250），"Multiplier

颜色倍增"为 0.1，把制作好的材质球赋予材质，如图 6-41 所示。

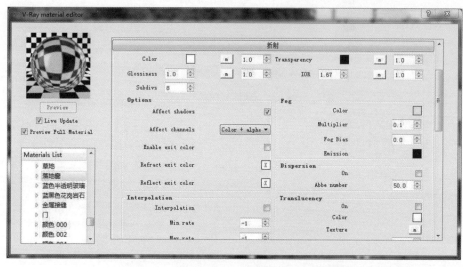

图 6-41　Refraction　（折射层）参数设置

（3）V-Ray 建筑门材质参数设定。门、窗框为黑色钢材料（图 6-42），设定材质时首先把漫反射的颜色设置为黑色（图 6-43）。

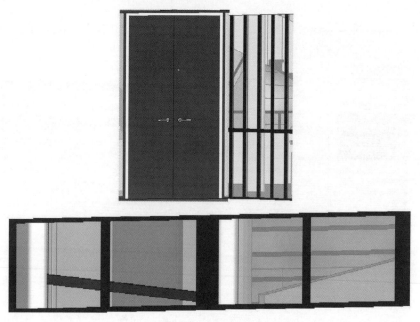

图 6-42　模型部分

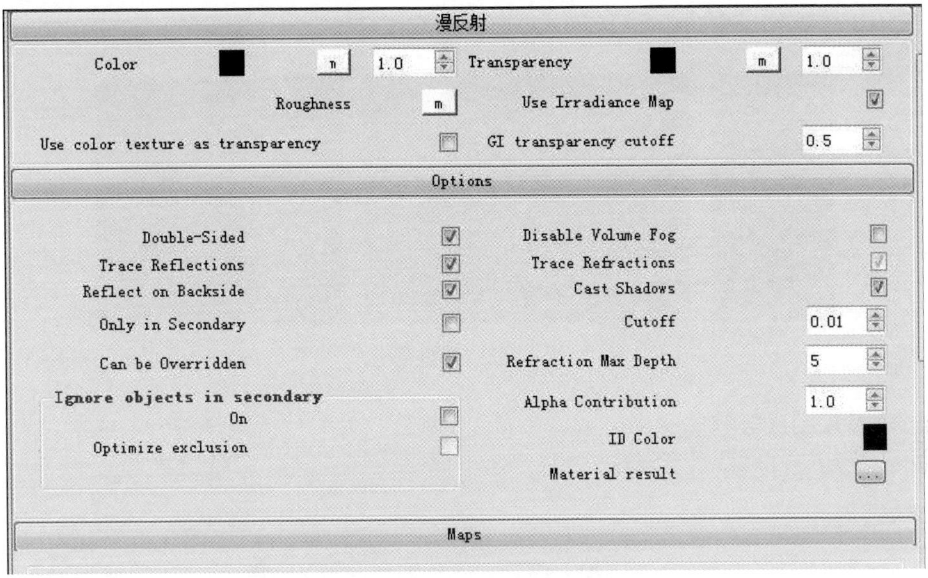

图 6-43　设置漫反射的颜色

增加 Reflection（反射层），Glossiness（光泽度）为 0.9～1.0，根据自身情况自行调节，如图 6-44 所示。

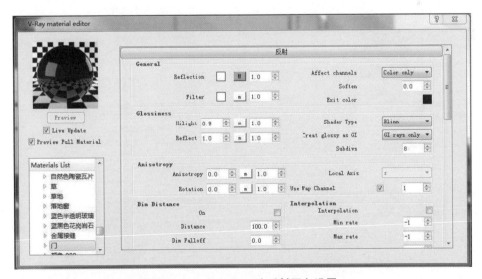

图 6-44　Reflection（反射层）设置

4. V-Ray 建筑外墙面（下层）材质参数设定

模型整体以白色混凝土为主，部分配有绿色混凝土，如图 6-45 所示。

图 6-45　模型部分

设置漫反射颜色变化，调整 Color（颜色）为绿色（图 6-46），添加贴图设置如图 6-47 所示。

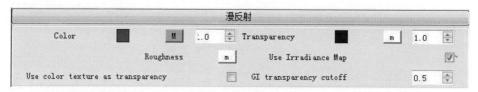

图 6-46　漫反射面板设置

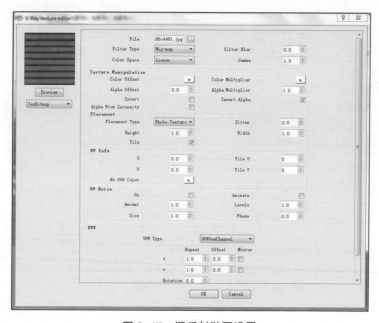

图 6-47　漫反射贴图设置

设置 Reflection（反射层），在 General（常规选项）调整 Reflection（反射值）为 0.8，"Glossiness（光泽度）"选择"Hilight（高光）"，如图 6-48 所示。

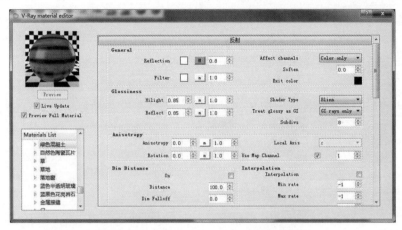

图 6-48　Reflection（反射）面板设置

单击■添加贴图为"TexFresnel 菲涅耳"，其他参数默认即可，如图 6-49 所示。

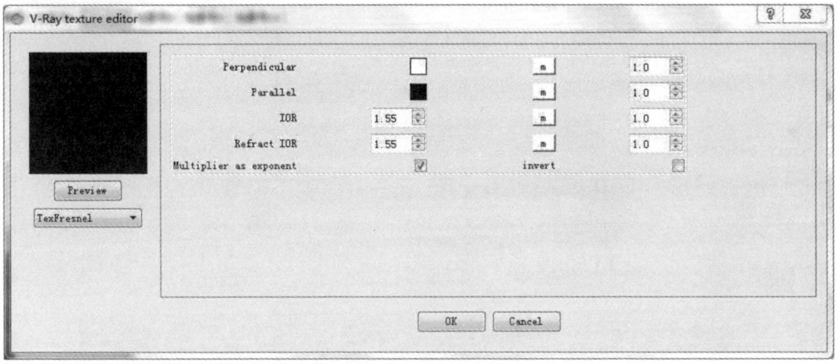

图 6-49　反射贴图设置

添加 Bump（凹凸贴图），参数为 0.7，如图 6-50 所示。

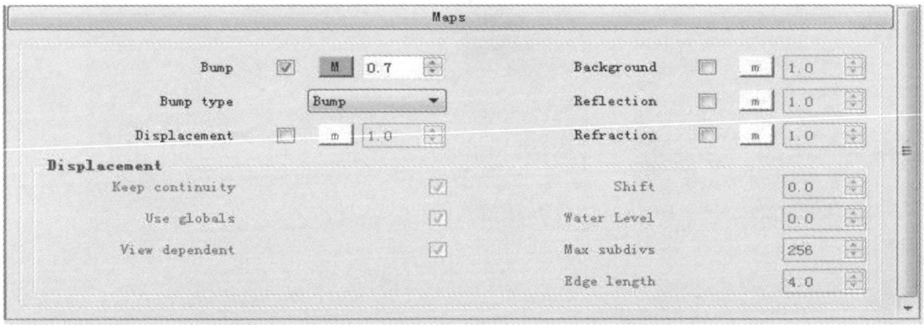

图 6-50　"Maps（贴图）"面板设置

单击 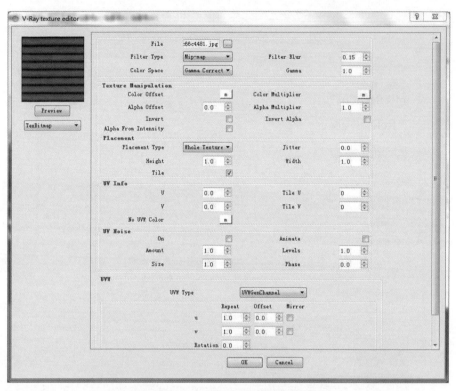，添加漫反射一致的位图，如图 6–51 所示。

图 6–51　Tex Bit map（位图）设置

调整其他绿色区域材质设置，找到相应材质球，如图 6–52 所示。

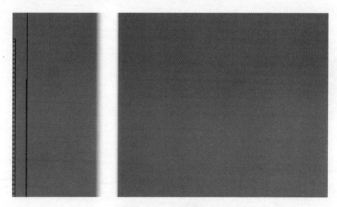

图 6–52　模型部分

添加混凝土贴图，设置 Color 颜色为绿色，如图 6–53 所示。

图 6-53　漫反射设置

添加 Reflection（反射层），数值为 0.8，将"Glossiness（光泽度）"中的"Hilight（高光）""Reflect（反射）"设置为 0.85，如图 6-54 所示。

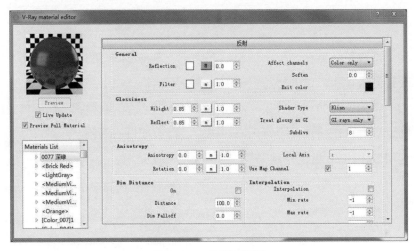

图 6-54　反射层设置

设置 Reflection（反射层）贴图为"TexFresnel（菲涅耳）"，其他参数为默认即可如图 6-55 所示。

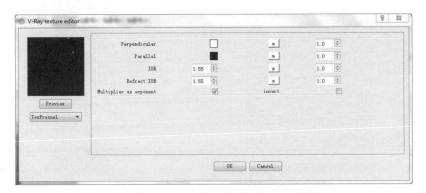

图 6-55　Reflection（反射层）贴图设置

添加贴图，Bump（凹凸贴图）原则上与漫反射一致，如图 6-56 所示。

图 6-56　"Maps（贴图）"面板设置

为了形成整体贴图，需要调整贴图大小，单击 按钮并按住"Alt"键，图标变化为吸管状，进入材质，如图 6-57 所示。

为了增加图片的真实效果，地面分两部分，包括草地和石子路。首先在地面上铺设草地，在建筑模型背后添加树木，最后铺设石子路。

先用 SketchUp 设定草地贴图，如图 6-58 所示。

图 6-57　模型部分　　　　图 6-58　用 SketchUp 设置草地贴图

选择"编辑"，在"纹理"面板里选择适合建筑模型的尺寸，默认为毫米（mm），如图 6-59 所示。

调节尺寸大小以事实效果为主。▦状态为等比调节，断开后可自由设定大小，如图 6-60 所示。

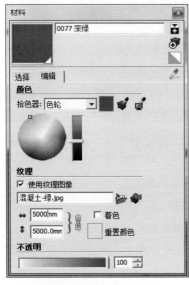

图 6-59　SketchUp 中草
地贴图大小设置

图 6-60　SketchUp 中草地
贴图设置范围

进入 V-Ray material editor（材质编辑器），添加草地贴图，如图 6-61 所示。

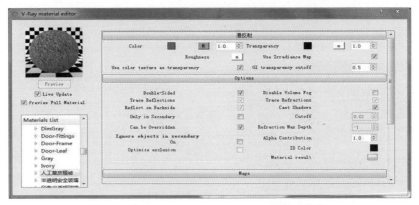

图 6-61　V-Ray material editor（材质编辑器）

由于地面的草地呈现的效果缺乏自然感，缺乏立体感，故新建一个图层，单击 ⊕ 按钮，把图层 1 修改为 "Grass"，实现分层管理，以方便显示和隐藏，同时创建矩形，如图 6-62 所示。

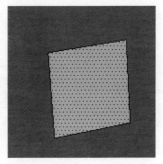

图 6-62　"图层"面板及模型部分

　　单击 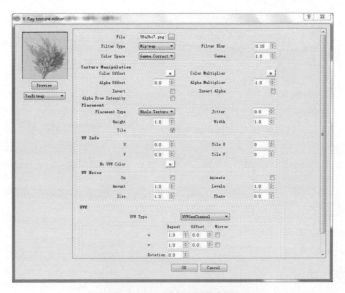 按钮添加贴图，对材料纹理调整大小和位置，如图 6-63 所示。模型效果如图 6-64 所示。

图 6-63　添加材质贴图

图 6-64　模型效果

再一次进入 V-Ray material editor（材质编辑器），点击  透明度上的 ▣ 添加通道贴图，如图 6-65 所示。

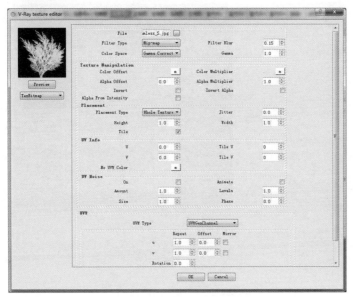

图 6-65 添加通道贴图

调整漫反射数值为 3.0，呈现较为真实的"草"形状，如图 6-66 所示。

图 6-66 漫反射设置

将面与边线成组，从俯视图 ▣ 的中点旋转 60°，同时按"Ctrl"键，重复此操作，得到三面旋转后的图像，如图 6-67 所示。

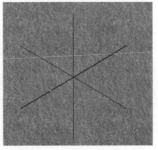

图 6-67 模型设置

单击创建群组，实现打组，如图6-68所示。

图 6-68　模型设置及效果

进行"草"的铺设，复制粘贴，把群组的"草"按阵列进行排列。如图 6-69 所示进行"草"的铺设，平移复制，选中成组的"草"，按住"Ctrl"键平移（为了使"草"真实，平移的距离要短），在右下角长度处输入"*200"（按照需要的草地面积合理复制）。选中创建的一排"草"，用相同平移复制的方法创建出矩形的草地，如图6-70所示。

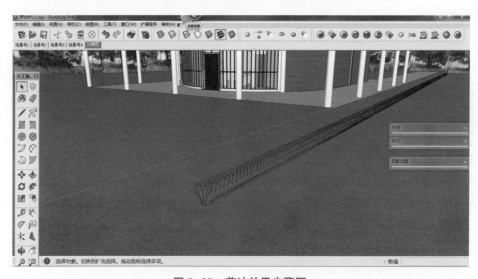

图 6-69　草地效果步骤图

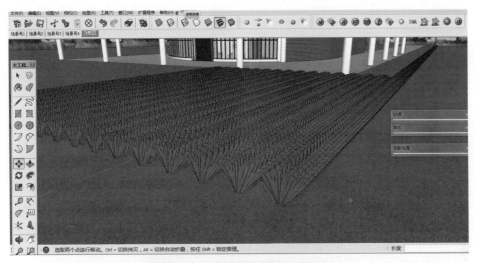

图 6-69　草地效果步骤图（续）

图 6-70　草地最终效果

根据最终渲染效果，调节间距。

新建图层并将之命名为"tree"，选定图层，建立树木，在地面上建立平面添加平面树木贴图，建议使用 png 格式（自带 Alpha 通道），如图 6-71 所示。

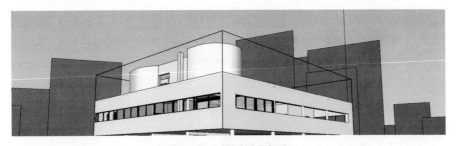

图 6-71　模型树木部分

单击 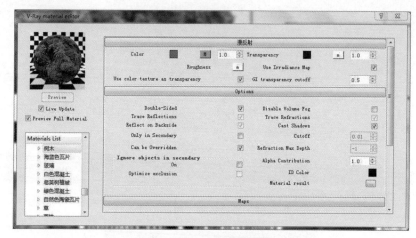 并按"Alt"键,标识变为吸管状,选中所选的对象,单击 进入 V-Ray material editor(材质编辑器),添加贴图,如图 6-72 所示。

图 6-72　材质贴图设置

铺设石子路,单击 并按"Alt"键,标识变为吸管状,选中所选的对象单击 进入 V-Ray material editor 材质编辑器,添加相关贴图,如图 6-73 所示。

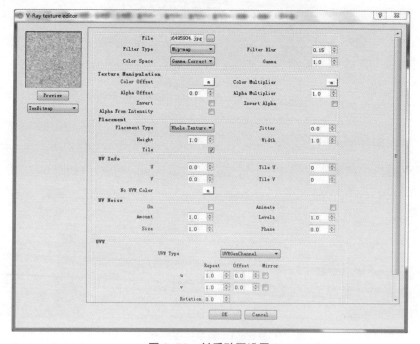

图 6-73　材质贴图设置

材质球偏暗，单击 ⬚ 按钮进入"材料"里的"编辑"面板，通过颜色调节使之变白，如图 6–74 所示。

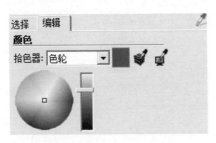

图 6–74　材料色彩设置

场景材质赋予步骤基本完成，现进入布光步骤。

步骤 2：V-Ray 精模灯光设定。

灯光设置俗称"打灯"，即通过对场景布光，来模拟现实照明效果。此阶段需使用 V-Ray 的光源。

SketchUp 的"灯光"面板（图 6–75）参数介绍如下：

图 6–75　"灯光"面板

（1）阴影 ⬚：⬚ 表隐藏阴影，单击切换。

（2）日期 ⬚：更改日期以调整阴影状态。

（3）时间 ⬚：更改时间以调整阴影状态。

V-Ray 天光参数设定如下：

单击 ⬚ 按钮进入渲染设置面板，如图 6–76 所示。

单击 ⬚ 按钮，进入 V-Ray 的天光系统（环境设置面板），如图 6–77 所示。

根据室外光源（太阳光和天空光），单击 ⬚ 按钮进入环境天空设置面板，如图 6–78 所示。

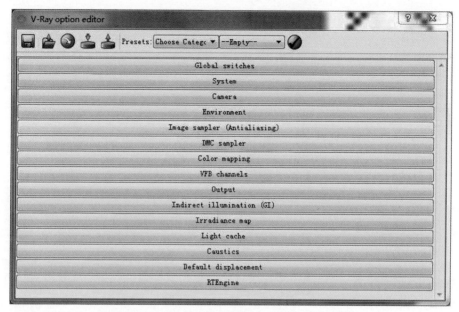

图 6-76 V-Rayoption editor（渲染设置）面板

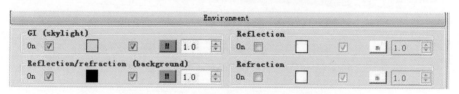

图 6-77 Environment（环境）设置面板

V-Ray 贴图编辑器中一般天光设置属性调整如下，其他建议选择默认。

一般调节以下属性，其他属性值为默认。

（1）<u>Size 1.0</u>：天空模式三种模式分别为 Preetham et al、CIE Clea（CIE 晴天）、CIE Overcast（CIE 阴天）。

（2）<u>Subdivs 8</u>：太阳尺寸倍增调节数值增加模糊。

（3）<u>Turbidity 3.0</u>：混浊度调节混浊程度，增加空气灰尘量。

（4）<u>Intensity 1.0</u>：天空亮度设置调节亮度数值。

（5）<u>Ozone 0.35</u>：臭氧设置调节阴影蓝色亮度数值。

（6）<u>Subdivs 8</u>：细分调节阴影精细度，减少噪点。

渲染效果如图 6-79 所示。

图 6-78　环境天空设置面板

图 6-79　环境天空效果

如果追求真实世界的灯光效果，建议使用 HDRI 贴图，此类贴图可使场景中光照丰富，并带反射对象，提供反射背景，如晴天设置如下：

进入"全局照明（天光）"与"反射/折射背景"面板，单击 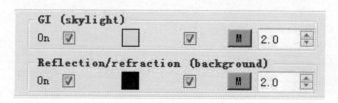 设置位图，添加 HDR 贴图文件。将 UVW 贴图类型设置为"UVWGenEnvironment"，同时贴图类型选择球形。环境 HDR 贴图设置如图 6-80 所示。

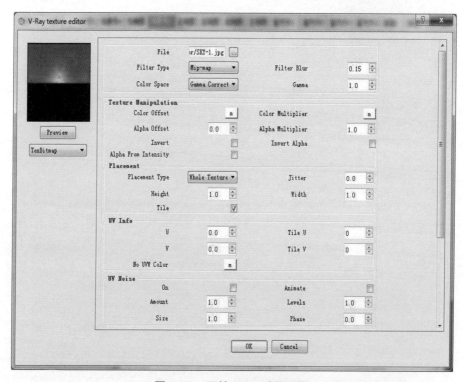

图 6-80　环境 HDR 贴图设置

调整数值，以达到理想效果，如图 6-81～图 6-84 所示。

图 6-81　环境参数设置（一）

图 6-82　环境参数效果（一）

图 6-83　环境参数设置（二）

图 6-84　环境参数效果（二）

反复测试调节以达到最终效果。

然而光源已经部分过曝，光源的方向有误，需要旋转方向以调整光源方向，如图 6-85 所示。贴图效果如图 6-86 所示。

图 6-85　贴图调节设置

图 6-86　贴图效果

V-Ray 自带灯光（图 6-87）参数介绍如下：

图 6-87　V-Ray 自带灯光光源工具栏

（1）![Omni light icon]：Omni light 点光源（泛光灯）；

（2）![Rectangle light icon]：Rectangle light 面光源；

（3）![Spot light icon]： Spot light 聚光灯；

（4）![Dome light icon]：Dome light 穹顶光源；

（5）![Sphere light icon]：Sphere light 球体光源；

（6）![IES light icon]：IES light 光域网（IES）光源。

单击![icon]建立 Sphere light 球体以模拟太阳光，把球体光源缩放至合适大小后，跟场景模型保持距离，如图 6-88 所示。使用 V-Ray 自带灯光前需确定好位置。

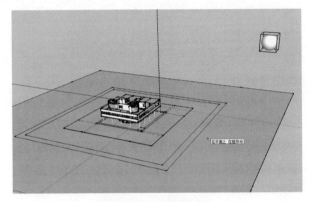

图 6-88　灯光位置

单击鼠标左键进入 V-Ray for SketchUp 里面的 Edit light（编辑光源）面板，如图 6-89 所示。

图 6-89　选择"Edit light 编辑光源"

进入 V-Ray light editor（光源编辑器），调节颜色为中黄色，Intensity（亮度）为 15，勾选"No Dexay（不衰减）"，如图 6–90 所示。

图 6–90　灯光编辑器设置

白天灯光布光基本完成，如图 6–91 所示。

图 6–91　灯光最终效果

第七章　V-Ray 后期输出

对场景进行渲染时，一般需要先做渲染草图，初步形成预计效果，如材质及布光效果未达到预计理想状态，可重新调整材质及布光，直到到达预计效果，再输出高质量的渲染成品。在此阶段需熟练掌握设定 V-Ray 的渲染参数的方法。

本章重点：掌握处理渲染模型的参数设置，关键是掌握渲染中多角度下渲染效果的设置与调节以及室内外渲染效果的设置与调节。

图 7-0　V-Ray 后期输出

第一节　V-Ray 测试渲染

本节讲述如何在 V-Ray for SketchUp 中为精模赋予材质、设置灯光实现渲染效果。精模指的是渲染效果为近似真实材质的照片级效果的模型。本节包括 V-Ray 精模材质设定步骤、V-Ray 精模灯光设定步骤和 V-Ray 精模渲染设定三个部分。V-Ray 精模材质设定是在 SketchUp 里设置 V-Ray 材质参数。V-Ray 精模灯光设定是在 SketchUp 里设置 V-Ray 灯光参数。V-Ray 精模渲染设定是进行精模渲染设置并实现效果。精模的主要作用是初步实现近似真实材质的照片级效果。本节的重点是讲述如何在 V-Ray for SketchUp 中设置材质与灯光从而实现照片级渲染效果。

本节的三部分内容可描述为图 7-1 所示的三个步骤。

图 7-1　本节的步骤

步骤 1：前期准备工作。

渲染前先单击 ⚙，屏幕显示图 7-2 所示画面。

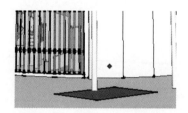

图 7-2　步骤 1 的屏幕显示

步骤 2：V-Ray 渲染参数的设置。

单击 ◉ 进入渲染设置面板，如图 7-3 所示。

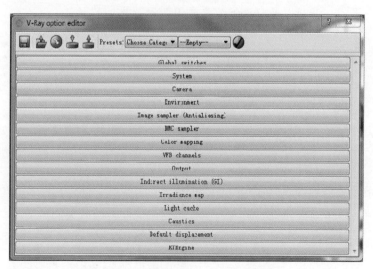

图 7-3　V-Ray option editor 设置面板

先单击 ◉，将参数回归初始设定，以防误操作，然后找到"I mage sampler（Antialiasing）"，单击打开。

（1）Image sampler（Antialiasing）面板如图 7-4 所示。

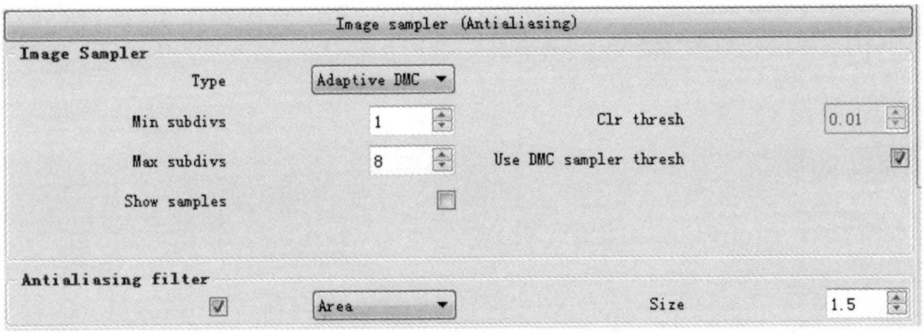

图 7-4　Image sampler（Antialiasing）面板

调节类型为 Fixed Rate（固定比率，取消勾选）（区域，如图 7-5 所示。

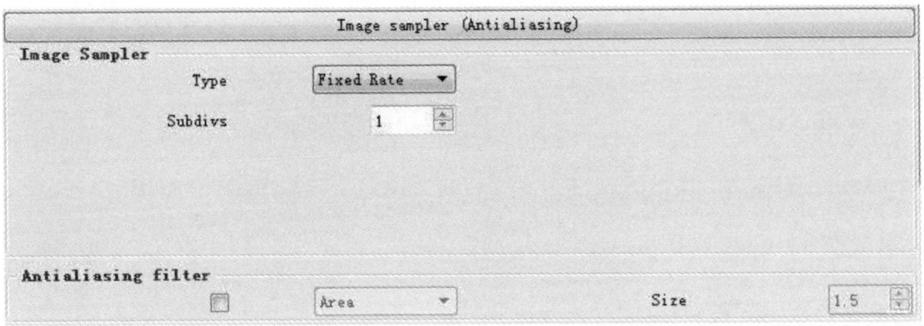

图 7-5　Image sampler（Antialiasing）面板

（2）输出。

接着调节 Output（输出）属性，设定适合实际或方便运行的视窗长宽比，一般建议为 640×360，如图 7-6 所示。

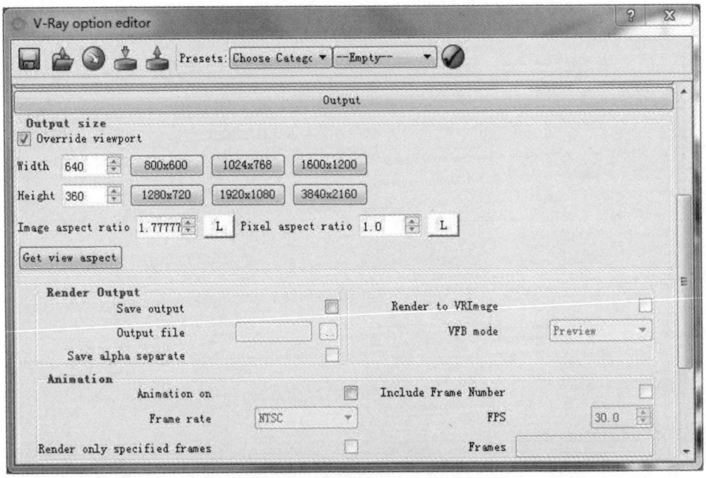

图 7-6　Output 面板

也可点击"Get view aspect（获取视口长宽比）"按钮 `Get view aspect` 来设定输出分辨率。

（3）间接照明。

选择开启 Ambient occlusion（环境阻光）。Indirect illumination（GI）（间接照明）面板如图7-7所示。

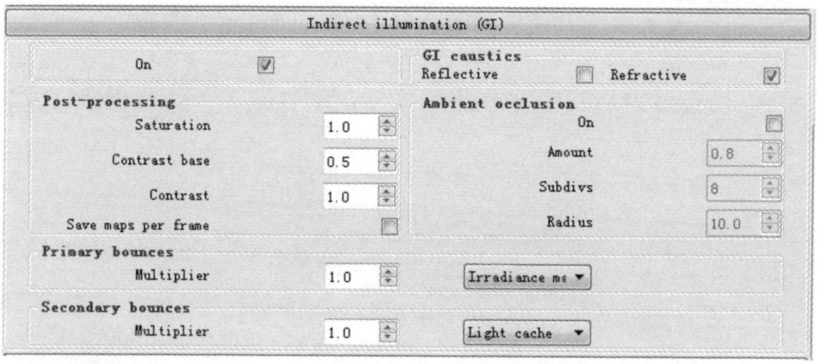

图7-7　Indirect illumination（GI）（间接照明）面板

（4）发光贴图。

Irradiance map（发光贴图）面板如图7-8所示。调节"Max rate（最大比率）"与"Min rate（最小比率）"以便控制精度，设置"HSph. subdivs（半球细分）"为较高数值以防止乌云状斑点，其他参数保持默认即可。

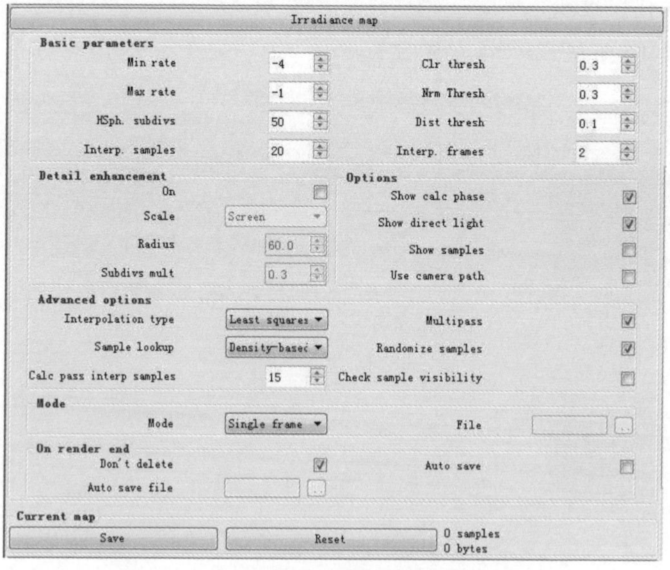

图7-8　Irradiance map（发光贴图）面板

（5）灯光缓存。

设置"Subdivs（细分）"以确定精细度，调节"Sclae（单位）"为"Screen（屏幕）"，切勿选"World（世界）"。其他参数为默认，如图 7-9 所示。

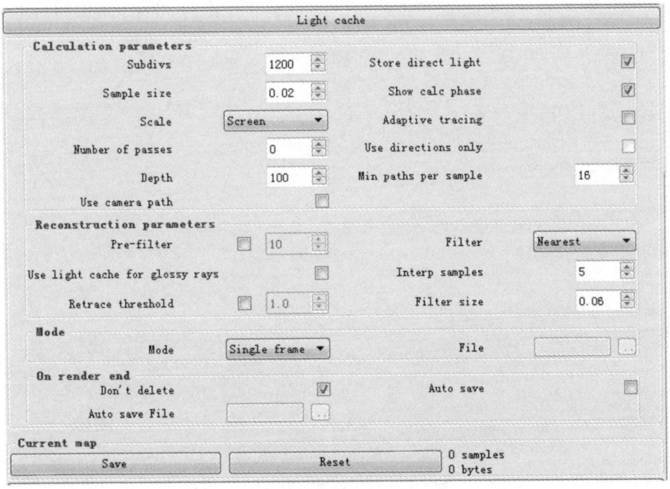

图 7-9　Light cache（灯光缓存）面板

如需提升模糊反射效果可勾选"Pre-filter（预过滤）"和"Use light cache for glossy rays（用于光泽光线）"。

单击保存设置按钮　，将文件命名为"测试版"。单击　开始渲染。渲染效果如图 7-10 所示。

图 7-10　测试版渲染效果

步骤 3：V-Ray 的最终渲染调试。

测试版中存在一定的噪波、光照错误等问题，为使出图呈现完美效果，需要根据具体场景设定最终渲染参数。

（1）环境设置。

单击载入设置按钮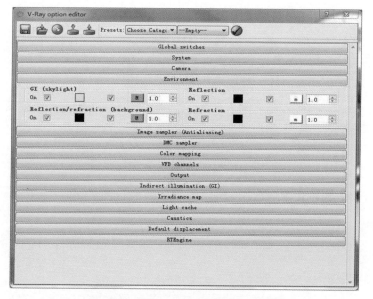，导入"测试版"参数，打开"Environment（环境）面板，在"Reflection（反射）"和"Refraction（折射）"下分别勾选"on（开启）"如图 7-11 所示。

图 7-11　Environment（环境）面板

可在反射颜色上添加草图贴图，使对象反射草图，如图 7-12 所示。

单击　，设置为"TexBitmap（位图）"，添加文件

（2）图像采样器。

设置图像采样器里的"Type（类型）"为"Adaptive.DMC（自适应确定性蒙特卡罗）"，以达到平滑清晰的边缘的效果，勾选"Antialiasing fiter（抗锯齿过滤）"，其他为默认即可，如图 7-13 所示。

（3）颜色映射。

Color mapping（颜色映射）面板如图 7-14 所示。适当调节"Multiplier（倍增）"的数值即可，其他数值参考图示，以免过度曝光。

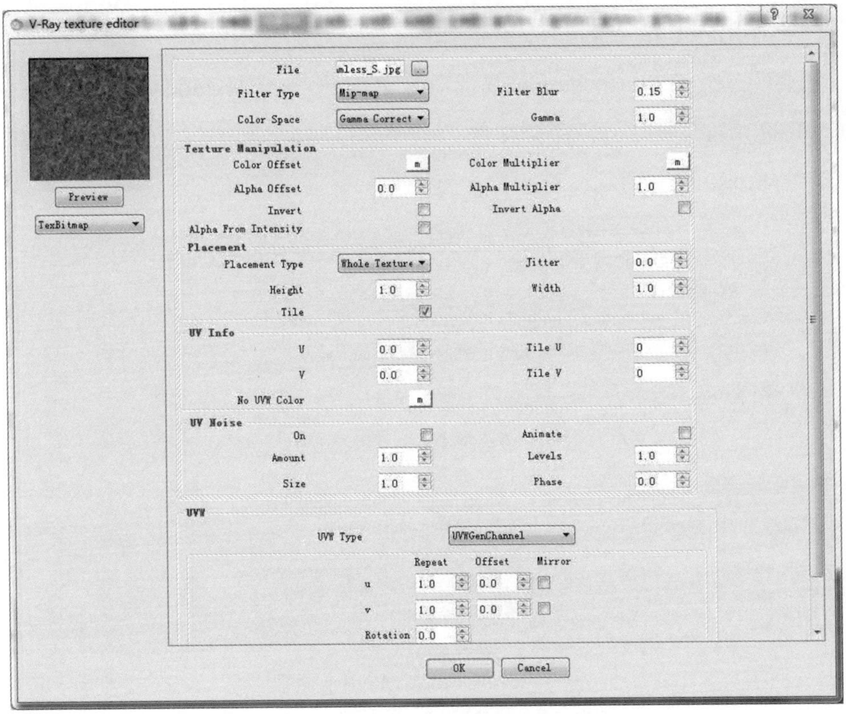

图 7-12　环境反射贴图面板

图 7-13　Image sampler（Antialia sing）图像采样器面板

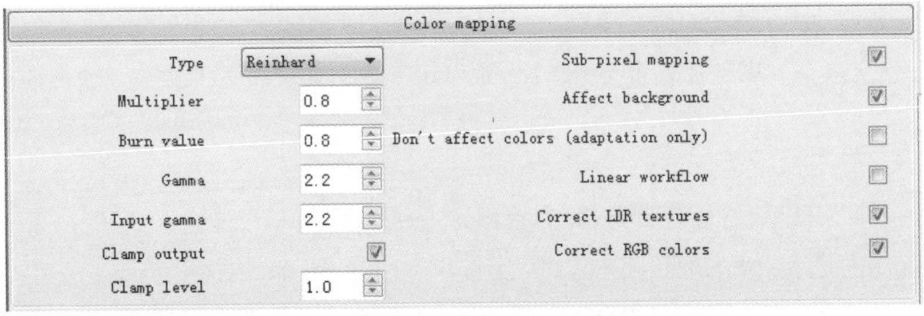

图 7-14　Color mapping（颜色映射）面板

（4）输出。

调整"Get view aspect（获取视口长宽比）"，在"Render Output（输出设置）"下的"Save output（保存文件）"里设置渲染出图的保存路径，以达到自动保存的功能，如图 7-15 所示。

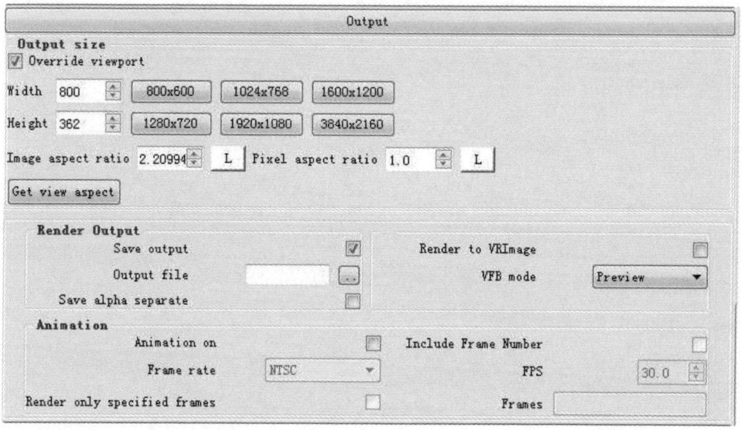

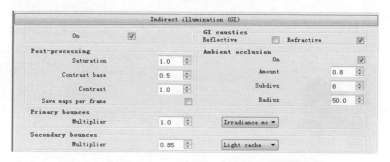

图 7-15　Output（输出）面板

（5）间接照明。

开启"Ambient occlusion（环境阻光）"，调整"Radius（半径）"为"50.0"，用于呈现物体的空间关系，其他数值参考图示，如图 7-16 所示。

图 7-16　Indirect illumination（GI）间接照明面板

（6）灯光缓存。

将"Calculation parameters （计算参数）"的"Subdivs（细分）"设置为1200"，勾选"Pre-filter（预过滤）"和"Use light cache for glossy rays（用于光泽光线）"，以保证渲染速度，如图 7-17 所示。

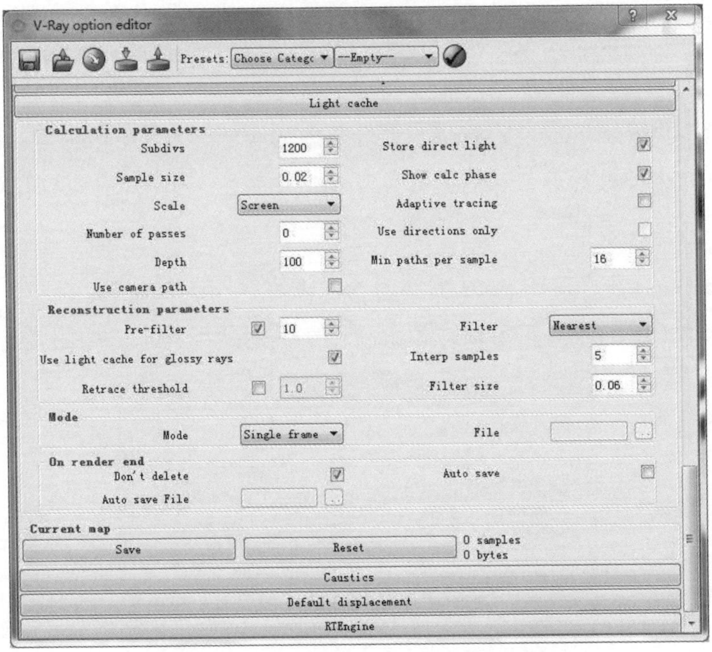

图 7-17　Light cache（灯光缓存）面板

将文件储存为"最终版"，渲染出图，效果如图 7-18 所示。

图 7-18　"最终版"效果图

第二节　V-Ray 的最终渲染

为了多角度呈现模型的效果、更好地体现模型的效果，应对效果图中经常出现的角度进行参数设置和渲染。先从鸟瞰图开始，调节部分材质球的参数，以便更好地呈现效果。

步骤 1：点选"视图"，在界面上自动增设视图工具。

打开菜单中的工具箱窗口，设置视图工具为使用状态，如图 7-19 所示。

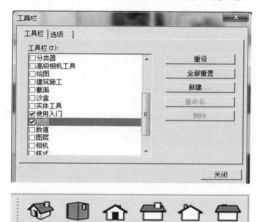

图 7-19　设置视图工具条

步骤 2：材质调整。

由于角度不同，部分材质还需进一步调整，如图 7-20～图 7-23 所示。

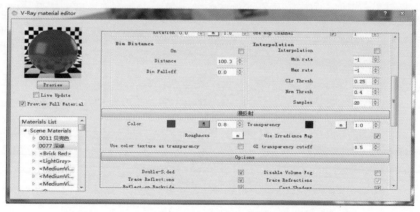

图 7-20　V-Ray material editor（材质编辑器设置）深绿

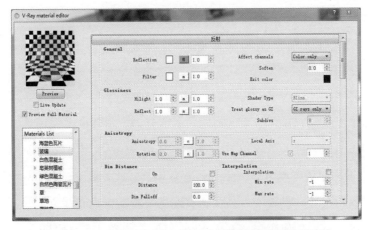

图 7-21　V-Ray material editor（材质编辑器设置）玻璃

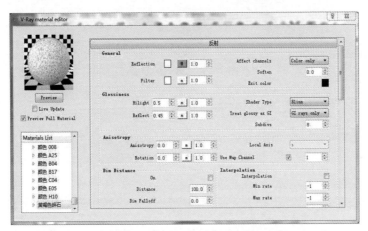

图 7-22　V-Ray material editor（材质编辑器设置）碎石

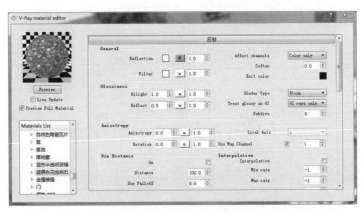

图 7-23　V-Ray material editor（材质编辑器设置）花岗岩

第三节　V-Ray 鸟瞰图渲染参数与渲染效果

本节讲述如何在 V-Ray for SketchUp 中实现鸟瞰图的渲染效果。鸟瞰图是对整体环境以及建筑整体效果的说明。本节分为步骤建立添加场景、调整输出长宽比和设置视点高度三个步骤（图 7-24）。建立添加场景（鸟瞰图）是在 SketchUp 里增加场景以方便渲染。调整输出长宽比是在 SketchUp 里设置适宜鸟瞰图出图的尺寸。设置视点高度是实现进一步接近鸟瞰图位置的视点调整。本节的重点是讲述如何在 V-Ray for SketchUp 中设置渲染鸟瞰图。

图 7-24　本节的步骤

步骤 1：建立添加场景（鸟瞰图）。

新建场景（图 7-25），将之命名为"鸟瞰图"，调整到合适位置后单击更新场景（图 7-26）。

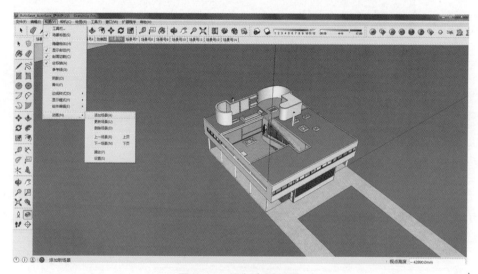

图 7-25　添加鸟瞰场景

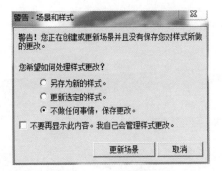

图 7-26　更新场景

步骤 2：调整输出长宽比。

为了最终渲染效果的理想化，调整输出长宽比，更全面地对模型进行整体效果说明，如图 7-27 所示。

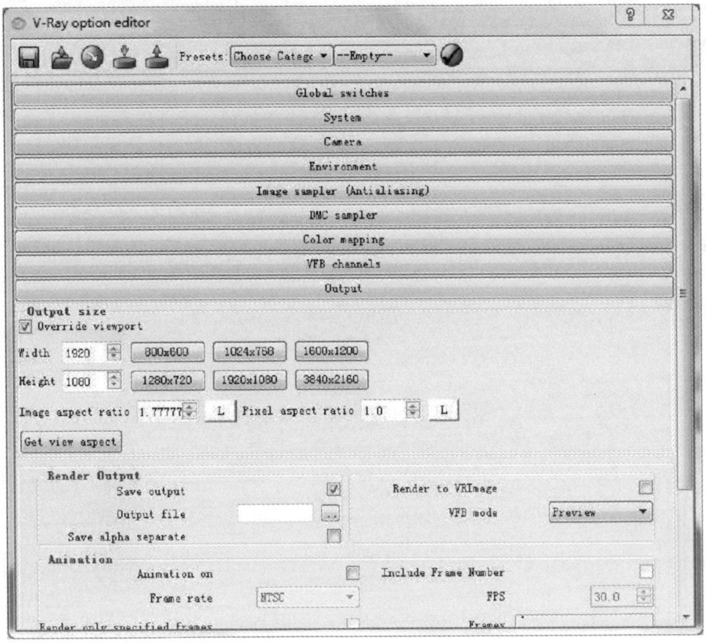

图 7-27　更新输出

步骤 3：设置视点高度。

调节 ⬚ ，设置为 高度偏移 1800.0mm ；调节 ⬚ ，设置为 视角 35.00 度 ；调节 ⬚ ，设置为 视角 35.00 度 ，然后单击"渲染"按钮。

鸟瞰图视点设置如图 7-28 所示。

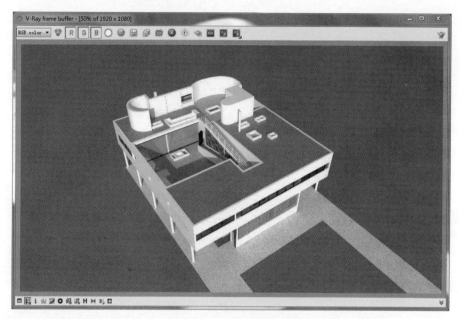

图 7-28 鸟瞰图视点设置

效果图选择角度以及位置辅助说明：鸟瞰图是利用高视点透视法从高处某一点俯视地面起伏的立体图，所以选择该角度能准确地突出该建筑物形态的空间感，以及清楚地表建筑体量与空间的关系。

第四节 V-Ray 各外立面渲染参数与渲染效果

本节讲述如何在 V-Ray for SketchUp 中实现各外立面的渲染效果。各外立面图是对模型各个外立面环境以及效果的视觉说明。本节分为建立添加场景、实现平行投影效果、分别确定各外立面平面投影和设置视点角度四个步骤（图 7-29）。建立添加场景是在 SketchUp 里增加各外立面场景以方便渲染。实现平行投影效果与分别确定各外立面平面投影是在 SketchUp 里设置各外立面平面投影位置效果，为后期渲染设定位置。设置视点角度是进一步接近真实位置的视点调整。本节的重点是讲述如何在 V-Ray for SketchUp 中设置渲染正、左、右、后视图。

图 7-29　本节的步骤

步骤 1：建立添加场景。

新建场景，命名场景为"正视图""左视图""右视图"和"后视图"。选择四个新设场景进行位置的初步设置，以便后期调整。后视图场景如图 7-30 所示。视点更新场景如图 7-31 所示。

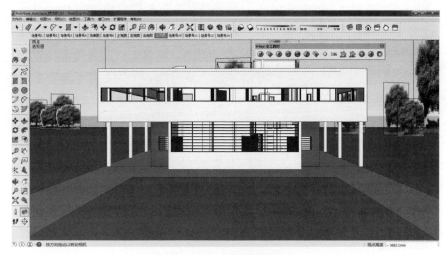

图 7-30　后视图场景

图 7-31　视点更新场景

步骤2：实现平行投影效果。

选择正视图场景，虽然经过初步设定，但是透视图视觉角度存在轻微透视问题，需要勾选"平行投影"（图7-32），以便实现平行投影渲染效果。

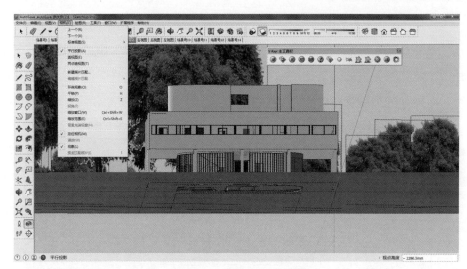

图7-32　设置平行投影

步骤3：分别确定各外立面平面投影。

单击界面上的 🏠、🏠、🗂、🗄，确定各外立面效果图位置，并更新场景，如图7-33～图7-36所示。

图7-33　正立面视点

图 7-34 后立面视点

图 7-35 左立面视点

图 7-36　右立面视点

步骤 4：调整视点角度。

调节 👤 ，设置为 高度偏移 2000.0mm ；调节 🔍 ，设置为

视角 35.00 度 ，然后单击"渲染"。

如图 7-37 所示，正（前）视图或者主视图是从物体的前面向后面所看到的视图，其目的是反映物体前面的结构形状。同时考虑其他视图的选择，为了进一步配合其他各视图应进行补充，使该建筑的表达更完整、更全面。

图 7-37　正视图效果

如图 7-38 所示，后视图是从物体的后面向前面所看到的视图，其目的是反映物体后面的结构形状。同时考虑其他视图的选择，为了进一步配合其他各视图应进行补充，使该建筑的表达更完整、更全面。

图 7-38　后视图效果

如图 7-39 所示，左视图是从物体的左面向右面作正投影的视图，其目的是反映物体左侧面的结构形状。同时考虑其他视图的选择，为了进一步配合其他各视图应进行补充，使该建筑的表达更完整、更全面。

图 7-39　左视图效果

　　如图 7–40 所示，右视图是从物体的右面向左面作正投影的视图，其目的是反映物体右侧面的结构形状。同时考虑其他视图的选择，为了进一步配合其他各视图应进行补充，使该建筑的表达更完整、更全面。

图 7–40　右视图效果

第五节　剖面图出图效果

　　本节讲述如何在 SketchUp 中实现剖面图的渲染效果。剖面图是对模型内部环境以及效果的视觉说明。本节分为设定截面渲染视图、截面工具运用、设定剖面角度、命名场景、关闭显示剖面切断结果和实现剖面图出图效果六个步骤（图 7–41）。设定截面渲染视图与截面工具运用是在 SketchUp 里建立剖面图，进行出图前期准备工作。设定剖面角度、命名场景是在 SketchUp 里设置剖面图出图位置，为后期出图做好铺垫。关闭显示剖面切断结果和实现剖面图出图效果是避免剖面工具辅助线影响最终出图效果，以及最终出图。本节的重点是讲述如何在 V-Ray for SketchUp 中设置位置并形成剖面图出图效果。

图 7-41　本节的步骤

步骤 1：设定截面渲染视图。

单击 视图(V)，进入工具栏，勾选"截面"，初步进行出图位置设定，如图 7-42 所示。

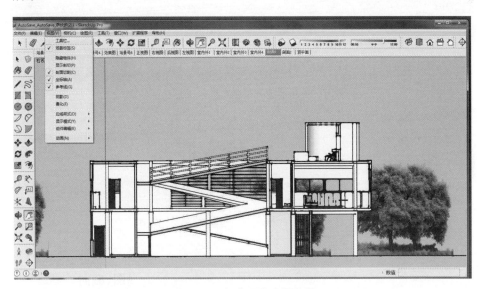

图 7-42　初步设定出图位置

步骤 2：截面工具运用。

界面中出现 ⊕ ❀ ❀，单击 ⊕，选择工具辅助框，沿着指定方向在模型上向前推进，形成剖面图效果，如图 7-43 所示。

步骤 3：设定剖面角度。

调整角度，勾选"平行投影"，实现平行投影效果，双击软件界面空白处，形成角度，确定位置，如图 7-44 所示。

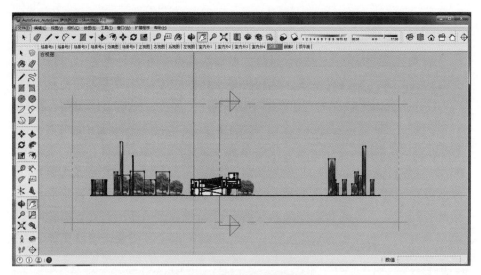

图 7-43　截面工具使用效果

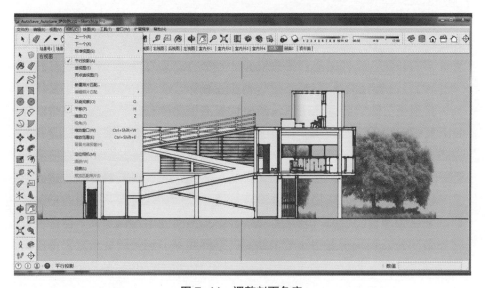

图 7-44　调整剖面角度

步骤 4：命名场景。

建立添加场景，重命名场景为"剖面 1""剖面 2"。更新场景，初步确定出图位置，如图 7-45 所示。

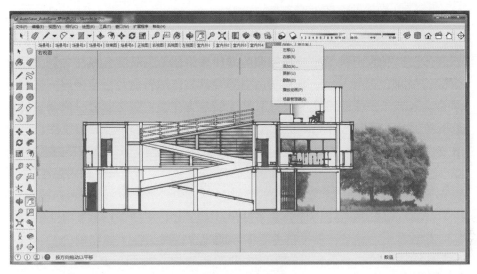

图 7-45　命名场景

步骤 5：关闭显示剖面切断结果。

单击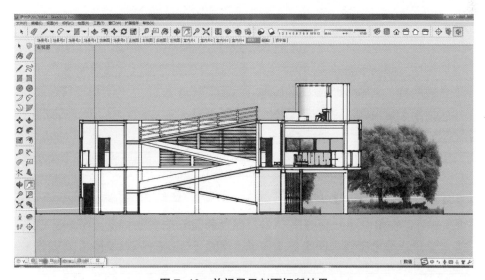，关闭界面效果；或者单击鼠标右键，选中剖面工具，选择"隐藏"，这样可以不显示剖面切断辅助线，从而不影响后期出图效果，如图 7-46 所示。

图 7-46　关闭显示剖面切断结果

步骤 6：实现剖面图出图效果。

由于 V-Ray 直接用剖面工具制作剖面，直接单击"渲染"按钮，渲染结果依旧是模型整体效果，而非剖面效果，即使关闭辅助选框依然如此，故无法渲染模型剖面图。如需用可以选择直接从文件里导出 JPG 格式即可。剖（截）面图又称剖切图，是对有关的图形按照一定的剖切方向所展示的内部构造图例。剖面图是假想用一个剖切平面将物体剖开，移去介于观察者和剖切平面之间的部分，对于剩余的部分向投影面所作的正投影图。考虑到剖面图用于工程的施工图，故应补充和完善设计文件，这属于工程施工图设计中的详细设计，用于指导工程施工作业。剖面 1 和剖面 2 的效果图如图 7–47、图 7–48 所示。

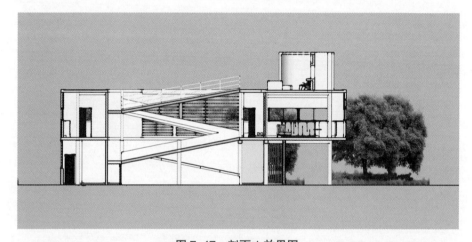

图 7–47　剖面 1 效果图

图 7–48　剖面 2 效果图

第六节 V-Ray 顶视图渲染参数与渲染效果

本节讲述如何在 SketchUp 中实现顶视图的渲染效果。顶视图是对模型顶部环境以及效果的视觉说明。本节分为设定角度、添加顶视图场景和实现顶视图渲染三个步骤（图 7–49）。设定角度是在 SketchUp 里进行操作以方便 V-Ray渲染。添加顶视图场景是在 SketchUp 里设置场景以方便寻找。实现顶视图渲染是做好渲染准备后启动渲染。顶视图作为效果出图一般为辅助效果居多。本节的重点是讲述如何在 V-Ray for SketchUp 中设置渲染顶视图。

图 7–49 本节的步骤

步骤 1：设定角度。

调整角度，单击▣，进入透视图进行角度确定，勾选"平行投影"，转为平面效果。

步骤 2：添加顶视图场景。

选择场景栏，单击鼠标右键，添加场景（图 7–50），重命名场景为"顶视图"。更新场景并确定位置。

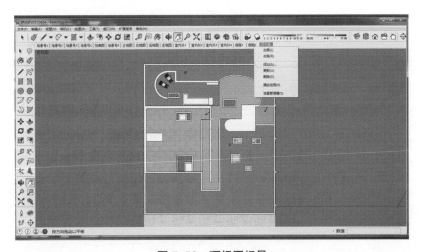

图 7–50 顶视图场景

步骤 3：实现顶视图渲染。

单击 V-Ray 里的渲染按钮，启动渲染，保存图像。如图 7-51 所示，顶视图对整个建筑基地的顶部布局情况进行说明，同时考虑到顶视图设计，应将其作为补充来完善设计文件，它常与其他角度图配套出现。

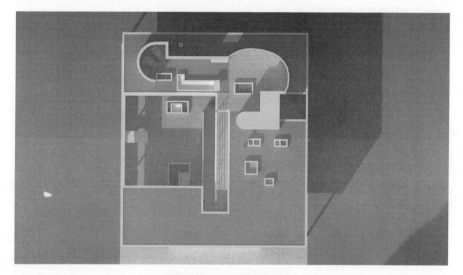

图 7-51　顶视图效果图

第七节　V-Ray 室内外效果细节图渲染参数与渲染效果

本节讲述如何用 V-Ray 在 SketchUp 中实现室内外效果图的渲染效果。室内外图是对模型室内外环境以及效果的辅助视觉说明。本节分为添加室内外视图场景、调试视点角度和调整摄像机角度以及渲染四个流程（图 7-52）。添加室内外视图场景是在 SketchUp 里设置场景以方便寻找。调整视点角度是在 SketchUp 里调整理想的角度以便在 V-Ray 中渲染。调整摄像机角度以及渲染是做好摄像机角度准备工作后启动渲染。本节的重点是讲述如何在 V-Ray for SketchUp 中设置渲染室内外视图。

添加室内外视图场景　调试视点角度　调整摄像机角度　渲染

图 7-52　本节的流程

步骤1：添加室内外视图场景。

建立并添加场景，重命名场景为"室内外1""室内外2""室内外3""室内外4"。单击"室内外1"（图7-53），调整角度。

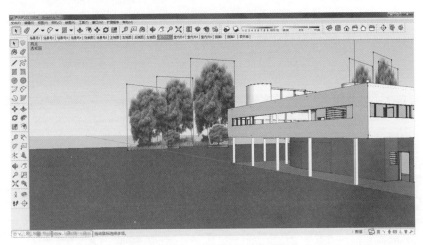

图7-53 "室内外1"视图

步骤2：调试视点角度。

单击 按钮，设置为 高度偏移 2000.0mm ；单击 按钮，设置为

视点高度 3800.0mm ，单击"渲染"。如图7-54所示，"室内外1"是

图7-54 室外效果图（一）

对整个建筑外部的部分布局情况的说明，也是对建筑外整体场景绿地与建筑总体关系的说明，以更好地补充和完善设计文件，常作为户外情况图出现。

步骤3：调整摄像机角度。

位置选择应有助于说明模型室内外关系，或者突出模型特色的角度。该位置选择，以模型中庭情况与建筑室内的情况相结合的角度进行调整。调整"室内外2"的角度后更新视图，以便后期渲染使用，如图7-55所示。

图7-55　室外视角图

步骤4：调整视点角度。

单击 [按钮，设置为 高度偏移 2000.0mm　　；单击 按钮，设置为 视点高度 1500.0mm　　；单击 ，设置为 视角 90.00 度　　。如图7-56所示，"室内外3"是从整个建筑室外平台的角度，对建筑室内外整体建筑设计采光部分的优势进行图示解说，它能更好地补充和完善设计文件，配套"室内外2"诠释该设计的独特性。

步骤5：调整摄像机角度。

该位置选择，以模型室内落地玻璃为视角结合建筑室外的情况设定角度进行调整。确定位置，调整"室内外3"的角度后更新视图，以便后期渲染使用，如图7-57所示。

图 7-56 室外效果图（二）

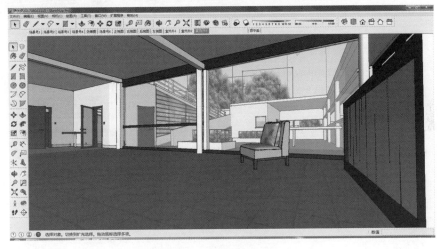

图 7-57 室内视角图（一）

步骤 6：调整视点角度。

单击 ⚇ 按钮，设置为 高度偏移 2000.0mm ；单击 ⠶，设置为
视点高度 1500.0mm ；单击 🔍，设置为 视角 90.00 度 。如
图 7-58 所示，"室内外 2"是从整个建筑室内视线往室外平台的角度，对建筑
室内外整体建筑设计采光部分的优势进行图示解说，它能更好地补充和完善设
计文件，配套"室内外 3"诠释该设计的独特性。

图 7-58　室内效果图（一）

步骤 7：调整摄像机角度。

该位置选择，以模型室内旋转楼梯为主结合建筑室外的情况设定角度进行调整。确定位置，调整"室内外 4"的角度后更新视图，以便后期渲染使用，如图 7-59 所示。

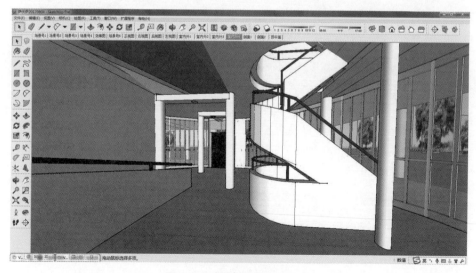

图 7-59　室内视角图（二）

步骤 8：调整视点角度。

单击 🔧 按钮，设置为 高度偏移 2000.0mm ；单击 👣 按钮，设置为

视点高度 1500.0mm ；单击 🔍 按钮，设置为 视角 90.00 度 。

"室内外 4"是从整个建筑室内旋转楼梯部分为切入角度，对建筑室内效果与室外景物的关系进行图示解说，它能更好地补充和完善设计文件，如图 7-60 所示。

图 7-60　室内效果图（二）

第八章 V-Ray 模型渲染
效果赏析与参考角度

为了使场景渲染达到理想效果，一般需要配套参数。以下范例配合效果图说明模型渲染效果。此阶段以参考 V-Ray 的渲染参数设置及渲染效果呈现辅助记忆。

本章重点：提供部分渲染模型的参数设置。关键是掌握渲染中的多角度位置设定以及部分渲染模型参数的设置并进行效果赏析。

第一节 整体渲染效果

本节以模型整体效果为主配套部分参数设置参考值，以便读者自行设定调节。

1. 人视点效果图及参数

人视点效果图如图 8–0 所示，参数配置见表 8–0。

表 8–0 参数配置

Date（日期）	10 月 11 日	Time（时间）	14:00—15:00
GI（skylight）全局照明	1	Reflection/refraction（background）反射/折射背景	1
Subdivs（细分）	8	size（太阳尺寸倍增）	1
Turbidity（混浊度）	3	Intenbidity（天空亮度）	1
Ozone（臭氧）	0.35	Max Rate（最大比率）	−4
Out put size（输出尺寸）	1 920×1 080	Min Rate（最小比率）	−1

续表

Date（日期）	10 月 11 日	Time（时间）	14:00—15:00
HSph subdivs（半球细分）	50	Interp samples（插值采样）	20
Light cache subdivs（灯光缓存细分）	1 200	Color mapping multiplier（颜色映射倍增）	0.8
Ambient occlusion radius（环境阻光半径）	50		

图 8-0　人视点效果图

2. 鸟瞰效果图及参数

鸟瞰效果图如图 8-1 所示，参数配置见表 8-1。

图 8-1　鸟瞰效果图

表 8-1　参数配置

Date（日期）	10 月 11 日	Time（时间）	14:00—15:00
GI（skylight）全局照明	1	Reflection/refraction（background）反射/折射背景	1
Subdivs（细分）	8	size（太阳尺寸倍增）	1
Turbidity（混浊度）	3	Intenbidity（天空亮度）	1
Ozone（臭氧）	0.35	Max Rate（最大比率）	−4
Out put size（输出尺寸）	1 920×1 080	Min Rate（最小比率）	−1
HSph subdivs（半球细分）	50	Interp samples（插值采样）	20
Light cache subdivs（灯光缓存细分）	1 200	Color mapping multiplier（颜色映射倍增）	0.8
Ambient occlusion radius（环境阻光半径）	50		

第二节　部分渲染效果

本节以局部效果图为主配套部分参数设置参考值，以便读者自行设定调节。

1. 正视效果图及参数

正视效果图如图 8-2 所示，参数配置见表 8-2。

图 8-2　正视效果图

表 8-2　参数配置

Date（日期）	10 月 11 日	Time（时间）	17:00
GI（skylight）全局照明	1	Reflection/refraction（background）反射/折射背景	1
Subdivs（细分）	8	size（太阳尺寸倍增）	1
Turbidity（混浊度）	3	Intenbidity（天空亮度）	1
Ozone（臭氧）	0.35	Max Rate（最大比率）	−4
Out put size（输出尺寸）	1 920×1 080	Min Rate（最小比率）	−1
HSph subdivs（半球细分）	50	Interp samples（插值采样）	20
Light cache subdivs（灯光缓存细分）	1 200	Color mapping multiplier（颜色映射倍增）	0.8
Ambient occlusion radius（环境阻光半径）	50	高度偏移	2 000
视角	35		

2. 右视效果图及参数

右视效果图如图 8-3 所示，参数配置见表 8-3。

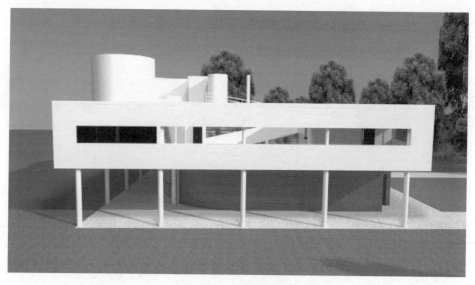

图 8-3　右视效果图

表 8–3　参数配置

Date（日期）	10 月 11 日	Time（时间）	17:00
GI（skylight）全局照明	1	Reflection/refraction（background）反射/折射背景	1
Subdivs（细分）	8	size（太阳尺寸倍增）	1
Turbidity（混浊度）	3	Intenbidity（天空亮度）	1
Ozone（臭氧）	0.35	Max Rate（最大比率）	–4
Out put size（输出尺寸）	1 920×1 080	Min Rate（最小比率）	–1
HSph subdivs（半球细分）	50	Interp samples（插值采样）	20
Light cache subdivs（灯光缓存细分）	1 200	Color mapping multiplier（颜色映射倍增）	0.8
Ambient occlusion radius（环境阻光半径）	50	高度偏移	2 000
视角	35		

3. 建筑细节 1 及参数

建筑细节 1 如图 8–4 所示，参数配置见表 8–4。

图 8–4　效果图（细节 1）

表 8-4　参数配置

Date（日期）	10 月 11 日	Time（时间）	14:00
GI（skylight）全局照明	1	Reflection/refraction（background）反射/折射背景	1
Subdivs（细分）	8	size（太阳尺寸倍增）	1
Turbidity（混浊度）	3	Intenbidity（天空亮度）	1
Ozone（臭氧）	0.35	Max Rate（最大比率）	−4
Out put size（输出尺寸）	1 920×1 080	Min Rate（最小比率）	−1
HSph subdivs（半球细分）	50	Interp samples（插值采样）	20
Light cache subdivs（灯光缓存细分）	1 200	Color mapping multiplier（颜色映射倍增）	0.8
Ambient occlusion radius（环境阻光半径）	50		

4. 建筑细节 2 及参数

建筑细节 2 如图 8-5 所示，参数配置见表 8-5。

图 8-5　效果图（细节 2）

表 8-5　参数配置

Date（日期）	10 月 11 日	Time（时间）	14:30
GI（skylight）全局照明	1	Reflection/refraction（background）反射/折射背景	1
Subdivs（细分）	8	size（太阳尺寸倍增）	1
Turbidity（混浊度）	3	Intenbidity（天空亮度）	1
Ozone（臭氧）	0.35	Max Rate（最大比率）	-4
Out put size（输出尺寸）	1 920×1 080	Min Rate（最小比率）	-1
HSph subdivs（半球细分）	50	Interp samples（插值采样）	20
Light cache subdivs（灯光缓存细分）	1 200	Color mapping multiplier（颜色映射倍增）	0.8
Ambient occlusion radius（环境阻光半径）	50		

5. 建筑细节 3 及参数

建筑细节 3 如图 8-6 所示，参数配置见表 8-6。

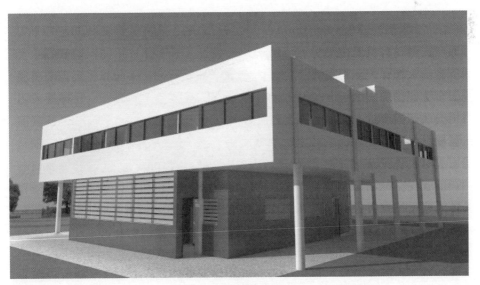

图 8-6　效果图（细节 3）

表 8-6　参数配置

Date（日期）	10 月 11 日	Time（时间）	14:30
GI（skylight）全局照明	1	Reflection/refraction（background）反射/折射背景	1
Subdivs（细分）	8	size（太阳尺寸倍增）	1
Turbidity（混浊度）	3	Intenbidity（天空亮度）	1
Ozone（臭氧）	0.35	Max Rate（最大比率）	−4
Out put size（输出尺寸）	1 920×1 080	Min Rate（最小比率）	−1
HSph subdivs（半球细分）	50	Interp samples（插值采样）	20
Light cache subdivs（灯光缓存细分）	1 200	Color mapping multiplier（颜色映射倍增）	0.8
Ambient occlusion radius（环境阻光半径）	50		

6. 建筑细节 4 及参数

建筑细节 4 如图 8-7 所示，参数配置见表 8-7。

图 8-7　效果图（细节 4）

表 8-7　参数配置

Date（日期）	10 月 11 日	Time（时间）	15:00
GI（skylight）全局照明	1	Reflection/refraction（background）反射/折射背景	1
Subdivs（细分）	8	size（太阳尺寸倍增）	1
Turbidity（混浊度）	3	Intenbidity（天空亮度）	1
Ozone（臭氧）	0.35	Max Rate（最大比率）	−4
Out put size（输出尺寸）	1 920×1 080	Min Rate（最小比率）	−1
HSph subdivs（半球细分）	50	Interp samples（插值采样）	20
Light cache subdivs（灯光缓存细分）	1 200	Color mapping multiplier（颜色映射倍增）	0.8
Ambient occlusion radius（环境阻光半径）	50		

7. 建筑细节 5 及参数

建筑细节 5 如图 8-8 所示，参数配置见表 8-8。

图 8-8　效果图（细节 5）

表 8-8　参数设置

Date（日期）	10 月 11 日	Time（时间）	15:00
GI（skylight）全局照明	1	Reflection/refraction（background）反射/折射背景	1
Subdivs（细分）	8	size（太阳尺寸倍增）	1
Turbidity（混浊度）	3	Intenbidity（天空亮度）	1
Ozone（臭氧）	0.35	Max Rate（最大比率）	−4
Out put size（输出尺寸）	1 920×1 080	Min Rate（最小比率）	−1
HSph subdivs（半球细分）	50	Interp samples（插值采样）	20
Light cache subdivs（灯光缓存细分）	1 200	Color mapping multiplier（颜色映射倍增）	0.8
Ambient occlusion radius（环境阻光半径）	50		

8. 建筑细节 6 及参数

建筑细节 6 如图 8-9 所示，参数配置见表 8-9。

图 8-9　效果图（细节 6）

表 8-9　参数设置

Date（日期）	10 月 11 日	Time（时间）	17:00
GI（skylight）全局照明	1	Reflection/refraction（background）反射/折射背景	1
Subdivs（细分）	8	size（太阳尺寸倍增）	1
Turbidity（混浊度）	3	Intenbidity（天空亮度）	1
Ozone（臭氧）	0.35	Max Rate（最大比率）	−4
Out put size（输出尺寸）	1 920×1 080	Min Rate（最小比率）	−1
HSph subdivs（半球细分）	50	Interp samples（插值采样）	20
Light cache subdivs（灯光缓存细分）	1 200	Color mapping multiplier（颜色映射倍增）	0.8
Ambient occlusion radius（环境阻光半径）	50		

9. 室内细节 1 及参数

室内细节 1 如图 8-10 所示，参数配置见表 8-10。

图 8-10　室内效果图（细节 1）

表 8–10 参数设置

Date（日期）	10 月 11 日	Time（时间）	17:00
GI（skylight）全局照明	1	Reflection/refraction（background）反射/折射背景	1
Subdivs（细分）	8	size（太阳尺寸倍增）	1
Turbidity（混浊度）	3	Intenbidity（天空亮度）	1
Ozone（臭氧）	0.35	Max Rate（最大比率）	–4
Out put size（输出尺寸）	1 920×1 080	Min Rate（最小比率）	–1
HSph subdivs（半球细分）	50	Interp samples（插值采样）	20
Light cache subdivs（灯光缓存细分）	1 200	Color mapping multiplier（颜色映射倍增）	0.8
Ambient occlusion radius（环境阻光半径）	50	高度偏移	2 000
视点高度	1 500	视角	90

10. 室内细节 2 及参数

室内细节 2 如图 8–11 所示，参数配置见表 8–11。

图 8–11　室内外效果图（细节 2）

表 8-11　参数设置

Date（日期）	10 月 11 日	Time（时间）	17:00
GI（skylight）全局照明	1	Reflection/refraction（background）反射/折射背景	1
Subdivs（细分）	8	size（太阳尺寸倍增）	1
Turbidity（混浊度）	3	Intenbidity（天空亮度）	1
Ozone（臭氧）	0.35	Max Rate（最大比率）	–4
Out put size（输出尺寸）	1 920×1 080	Min Rate（最小比率）	–1
HSph subdivs（半球细分）	50	Interp samples（插值采样）	20
Light cache subdivs（灯光缓存细分）	1 200	Color mapping multiplier（颜色映射倍增）	0.8
Ambient occlusion radius（环境阻光半径）	50	高度偏移	2 000
视点高度	1 500	视角	90

附　　录

附录一　构造常用概念

屋顶花园：在屋顶上进行的绿化种植工程。可以起到美化环境、净化空气、改善局部小气候的作用，能补偿建筑物占用的绿化地面，大大提高了城市的绿化覆盖率，能对屋顶降温隔热。

底层架空：建筑物底层用柱子架空。

模数化设计：使用模数化的手段进行设计。模数化是标准化的一种形式，以通用性为目的。模数是统一构件尺度的最小基本单位。

开间进深：一个楼（或房间）的主要采光面称为开间（或面宽），与其垂直的距离称为进深。

功能区：依据使用要求，对建筑房间进行分割。

门厅：为进门大厅，一般在进门地方的缓冲区。

过道：指走廊，为建筑套内使用的水平交通空间。

地下室：房间地平面，低于室外地平面高度超过该房间净高 1/2 者为地下室。

框架结构：由梁和柱以刚接或者铰接相连接，构成承重体系的结构。

围护结构：建筑及房间个各面的围挡物。

基础：是将结构所承受的各种作用传递到地基上的结构组成部分。

地坪：使用特定材料和工艺对原有地面进行施工处理并呈现一定装饰性和

功能性的地面。

纵梁：沿建筑物长轴方向布置。

横梁：垂直于纵梁的梁，沿建筑物短轴方向布置。

柱：建筑物中垂直的主结构件，承托它上方物件的重量。

楼板：房屋垂直方向分隔为若干层，它是建筑中的承重部分。

横墙：沿建筑物短轴方向布置的墙。

纵墙：沿建筑物长轴方向布置的墙。

隔墙：分隔建筑物内部空间的墙。

屋面：建筑物屋顶的表面，也指屋脊与屋檐之间的部分。这一部分占据屋顶的较大面积，或者说屋面是屋顶中面积较大的部分。

楼梯：建筑物中作为楼层间垂直交通用的构件。

台阶：供人上下行走的建筑物，因其逐阶布置，故称为台阶。

双跑楼梯：在两个楼板层之间，包括两个平行而方向相反的梯段和一个中间休息平台。

旋转楼梯：螺旋形或螺旋式楼梯，通常是围绕一根单柱布置。

栏杆：古称阑干，也称勾栏，是建筑上的安全设施。栏杆在使用中起分隔、导向的作用。

扶手：通常设置在楼梯、栏板、阳台等处的兼具实用和装饰的凸起物，是栏杆或栏板上沿（顶面）供人手扶的构件，作行走时依扶之用。

踏面：梯段上的踏步供行走时踏脚的水平部分。

门：联系室内、室内外交通的构件。

窗：通风、采光，起到联系视线作用。

遮阳：能挡住阳光产生阴影的撑出物（如窗户的遮挡物）。

玻璃幕墙：是指可相对主体结构有一定位移能力、不分担主体结构所受作用的建筑外围护结构或装饰结构。

落地窗：直接固定在地板面上的窗户称为落地窗。

地坪标高：表示建筑物地坪位相对于基准面（标高的零点）的竖向高度，是竖向定位的依据。

女儿墙：建筑物屋顶四周围的矮墙，其主要作用是维护安全，亦会在底处施作防水压砖收头，以避免防水层渗水或屋顶雨水漫流。

山墙：建筑物两端的横向外墙一般称为山墙。

勒脚：建筑物外墙的墙脚，即建筑物的外墙与室外地面或散水部分的接触墙体部位的加厚部分。

雨篷：建筑物入口处和顶层阳台上部用以遮挡雨水，保护门外区域免受雨水侵蚀和人们进出时不被滴水淋湿及空中落物砸伤的水平构件。

阳台：是建筑物室内的延伸，是居住者呼吸新鲜空气、晾晒衣物、摆放盆栽的场所，其设计需要兼顾实用与美观。

挑檐：指屋面（楼面）挑出外墙的部分，一般挑出宽度不大于 50 厘米。

采光井：指四面有房屋，或三面有房屋，另一面有围墙，或两面有房屋，另两面有围墙时中间的空地，一般面积不大，主要用于房屋采光、通风。

附录二　SketchUp 常用快捷键

功能	快捷键	功能	快捷键
平移视口	Shift+鼠标中键	视口旋转	旋转鼠标中键
充满视图	Shift+Z	快速充满视口	双击鼠标中键
粘贴	Ctrl+V	删除	Delete
窗口	Z	上一次窗口	Tab
透视显示	V	选择	Space
选择（添加）	Ctrl+选择	选择（删除）	Alt+选择
选择（添加/删除）	Shift+选择	新建	Ctrl+N
保存	Ctrl+S	顶视图	F2
等角透视	F8	左视图	F6
前视图	F4	圆形	C
直线	L	徒手画	F
圆弧	A	多边形	P
矩形	R	擦除/橡皮	E
偏移	O	柔化线条	Ctrl+删除
隐藏选中的线	Shift+删除	推拉	U

续表

功能	快捷键	功能	快捷键
缩放	S	移动	M
旋转	Alt+R	等距复制	M→Ctrl→/n
多倍复制	M→Ctrl→*n	放弃选择	Ctrl+T
文字标注	Alt+T	设置坐标轴	Y
剖面	Alt+/	重复	Ctrl+Y
撤销	Ctrl+z	材质	B
阴影	Alt+S	制作组建	Alt+G
群组	G	全部显示	Shift+A
解除群组	Shift+G	坐标轴	Alt+Q
隐藏/显示	H/ Shift+H	尺寸标注	D
虚显隐藏物体	Alt+H	量角器辅助线	Alt+P
测量辅助线	Alt+M	隐藏辅助线	Q
显示辅助线	Shift+Q	—	—

附录三　SU 中英文对照表

File　文件			
英文菜单	中文对照	英文菜单	中文对照
New	新建	Open	打开
Save	保存	Save a Copy as	保存副本
Save as Template	存为模板	Revert	丢弃所有修改，回到上次保存状态
Send to LayOut	发送至 LayOut	Preview in Google Earth	在谷歌地球中预览
3D Warehouse	3D 模型库	Import	导入
Export	导出	3D Model	3D 模型
2D Graphic	图片	Section Slice	剖面
Animation	动画	Print Setup	打印设置
Print Preview	打印预览	Print	打印
Generate Report	生成报告	—	—

Edit　编辑			
英文菜单	中文对照	英文菜单	中文对照
Undo	撤销上次操作	Copy	复制
Cut	剪切	Paste In Place	粘贴到原位置
Paste	粘贴	Delete Guides	删除参考线
Delete	删除	Select None	全不选
Select All	全选	Unhide	取消隐藏
Hide	隐藏	Last	最后
Selected	选择的	Lock	锁定
All	全部	Selected	选择的
Unlock	取消锁定	Make Component	制作组件
Make Group	组	Close Group/Component	关闭组/组件
Intersect Faces	模型交错	With Model	与模型交错
With Selection	与选择部分交错	With Context	与环境交错
Redo	重做	—	—

View　视图			
英文菜单	中文对照	英文菜单	中文对照
Toolbar	工具条	Getting Started	开始
Large Tool Set	大工具条	Camera	相机
Construction	建造	Solid Tools	实体工具
Drawing	绘图	Styles	样式
Google	谷歌	Layers	图层
Measurements	测量	Modification	修改
Principal	基本	Shadows	阴影
Sections	剖面	Views	视图
Standard	标准	Save Toolbar Positions	存储工具条
Walkthrough	漫游	Dynamic Components	动态组件
Restore Toolbar Positions	重设工具条	Solar North	极轴

续表

英文菜单	中文对照	英文菜单	中文对照
Sandbox	地形工具	Scene Tabs	场景标签
Large Buttons	大按钮	Section Planes	剖面
Hidden Geometry	隐藏实体	Guides	参考线
Axes	轴线	Fog	雾化
Edge Styles	边线样式	Edges	边
Back Edges	背面边线（透射）	Profiles	轮廓
Depth Cue	深度变化	Extension	延长
Face Styles	面样式	X-ray X	射线
Wireframe	线框	Hidden Line	隐藏边线
Shade	着色	Shaded with Textures	贴图着色
Monochrome	黑白	Component Edit	编辑组件
Hide Rest of Model	隐藏模型中编辑组件外的所有内容	Hide Similar Components	隐藏相同组件
Animation	动画	Add Scene	增加场景
Update Scene	更新场景	Delete Scene	删除场景
Previous Scene	前一个场景	Next Scene	后一个场景
Play	播放	Settings	设置
Top	顶视图	Bottom	底视图
Front	前视图	Back	后视图
Left	左视图	Right	右视图
Parallel Projection	平行视图	Perspective	透视视图
Two-Point Perspective	两点透视	Match New Photo	照片匹配
Edit Matched Photo	编辑匹配的照片	Orbit	旋转
Pan	平移	Zoom	缩放
Field of View	视野	Zoom Window	缩放至场景窗口
Zoom Extents	缩放选择至窗口	Zoom to Photo	缩放至照片
Position Camera	放置相机	Walk	移动相机
Look Around	环视	—	—

Draw 绘图			
英文菜单	中文对照	英文菜单	中文对照
Line	直线	Arc	圆弧
Freehand	自由曲线	Rectangle	矩形
Circle	圆	Polygon	多边形
Sandbox	地形	From Contours	从等高线
From Scratch	自由绘制网格平面	—	—

Tools 工具			
英文菜单	中文对照	英文菜单	中文对照
Select	选择	Eraser	橡皮
Paint Bucket	油漆桶	Move	移动
Rotate	旋转	Scale	缩放
Push/Pull	推拉	Follow Me	跟随
Offset	偏移	Outer Shell	轮廓
Solid Tools	实体工具	Intersect	交集
Union	合集	Subtract	抽取
Trim	裁剪	Split	切割
Tape Measure	测量	Protractor	量角器
Axes	轴线	Dimensions	尺寸
Text	字	3D Text	三维字
Section Plane	剖面	Interact	交互
Sandbox	地形	Smoove	类似于移动
Stamp	图章	Drape	褶皱
Add Detail	增加细节	Flip Edge	边线反向

Window 窗口			
英文菜单	中文对照	英文菜单	中文对照
Model Info	模型信息	Entity Info	实体信息
Materials	材质	Components	组件
Styles	样式	Layers	图层

续表

英文菜单	中文对照	英文菜单	中文对照
Outliners	轮廓	Scenes	场景
Shadows	阴影	Fog	雾化
Match Photo	匹配照片	Soften Edges	边线柔化
Instructor	教学指导	Preferences	参数设置
Hide Dialogs	隐藏对话	Component Options	组件选项
Component Attributes	组件属性	Photo Textures	贴图调整

右键菜单			
英文菜单	中文对照	英文菜单	中文对照
Entity Info	实体信息	Erase	删除
Hide	隐藏	Explode	炸开
Select	选择	Bounding Edges	边界
Connected Faces	相连面	All Connected	所有相连
All on Same Layer	同一图层	All with Same Material	同一材质
Area	面积	Selection	选择
Layer	图层	Material	材质
Make Component	制作组件	Make Group	制作组
Intersect Faces	交错	Reverse Faces	反转面的方向
Flip Along	翻转	Red Direction	沿红轴方向
Green Direction	沿绿轴方向	Blue Direction	沿蓝轴方向
Zoom Extents	缩放范围	Add Photo Texture	添加照片贴图

附录四　R-Vary 中英文对照表

材质编辑器			
英文菜单	中文对照	英文菜单	中文对照
V-Ray Material Editor	V-Ray 材质编辑器	Apply Material to Layer	将材质应用到层

续表

英文菜单	中文对照	英文菜单	中文对照
Materials List	材质列表	Select All Objects Using This Material	选取所有使用材质的物体
Scene Materials	场景材质	Color	颜色
Create Material	创建材质	Roughness	粗糙度
Angle Blend	角度混合	Use Irradiance Map	使用发光贴图
Multi Material	多维材质	Use Color Texture as Transparency	使用颜色纹理中的透明效果
SKP Two Sided	SKP 双面材质	GI Transparency Cutoff	GI 透明终止阈值
Standard	标准材质	Disable Volume Fog	关掉体积雾
Toon (Create Material)	卡通材质	Cast Shadows	投射阴影
Two Sided	双面材质	Only in Secondary	仅对二次光线可见
V-Ray Material	V-Ray 材质	Cutoff	剪切阈值
Wrapper Material	材质包裹器	Can be Overridden	材料可被覆盖
Creat Layer	创建材质层	Refraction Max Depth	最大追踪深度
Emissive	自发光	Ignore Objects in Secondary	忽略反射和折射
Reflection	反射	Alpha Contribution	贡献 Alpha 通道
Diffuse	漫反射	On	开启
Vray BRDF	双向反射分 BRDF	Optimize Exclusion	优化排除
Refraction	折射	ID Color	材质 ID 颜色
Save Material	保存材质	Material Result	材质结果
Pack Material	打包材质	Bump	凸凹贴图
Duplicate Material	复制材质	Background	背景
Rename Material	更名材质	Bumptype	凸凹贴图类型
Remove Material	删除材质	GI	GI
Import Material	导入材质	Soften	柔化
Apply Material to Selection	将材质应用到所选物体	Filter	滤色

续表

英文菜单	中文对照	英文菜单	中文对照
Refraction	折射	Hilight	高光
Reflection	反射	Shader Type	上色（明暗器）类型
Displacement	置换	Reflect	反射
Keep Continuity	保持连续	Treat Glossy as GI Subdivs	将光泽作为 GI 细分
Shift	偏移	Anisotropy	各向异性
Use Globals	使用全局设置	Local Axis	本地坐标轴
Water Level	水平面	Rotation	旋转
Viewdependent	视口依赖	Use Map Channel	使用题图通道
Max Subdivs	最大细分	Din Distance	淡化距离
Edge Length	边长	ON	开启
Transparency	透明度	Refl Glossiness	反射光泽度
Multiplier	倍增	Fresnel Reflections	菲涅尔反射
Texture Multiplier Mode	纹理贴图倍增模式	Fresnel Reflections	菲涅尔折射率
Double Sided	双面	IOR	折射率 IOR
BRDF Result	BRDF 双向反射分布结果	Glossiness	光泽度
Emit on Back Side	双面反光	Exit Color	退出颜色
Multipy by Opacity	与不透明度相乘	Max Depth	最大深度
Compensatecaneraexposure	补偿相机曝光	Subdivs	细分
Interpolation	插值	Use Interpolation	使用插值
Distance	距离	Fog Color	烟雾颜色
Din Faloff	淡化衰减	Affect Shadows	影响阴影
Min Rate	最小比率	Fog Multiplier	烟雾倍增
Max Rate	最大比率	Affect Channels	影响通道
Clr Thresh	颜色阈值	Fog Bias	烟雾偏移
Nrn Thresh	法线阈值	Dispersion	色散
Samples	采样	Abbe	色散度

英文菜单	中文对照	英文菜单	中文对照
Type	类型	Translucency	半透明度
Scatter Coeff	散射系散	Type	类型
Back-side Color	背面颜色	Rotation	选装
Fwd/back Coeff	前/后分配比	Local Axis	局步轴
Thickness	厚度	Fix Dark Glossy Edges	修复暗的光泽边缘
Light Multiplier	灯光倍增	Options	选项
BRDF	BRDF-双向反射分布功能	Trace Reflections	追踪反射
Rotation	选装	Trace Refractions	追踪折射
Light Multiplier	灯光倍增	Reflect on Back Side	背面反射
UV vector Deriveation	UV 矢量源	Cutoff	终止阈值
Derivation	贴图通道	Use Irradiance Map	使用发光贴图
Energy Preservation Mode	能量保存模式	Environment Priority	环境优先
Texture Multiplier Mode	贴图倍增模式	Fogsystemunitsscaling	雾系统单位缩放
Multiplier	乘法	Double sided	双面
Mops	贴图	Invisible	隐藏
Opacity	不透明度	No Decay	不衰减
Environment Override	环境覆盖	Ignore Light Normals	忽略灯光法线
Reflect Interpolation	反射插值	Light Portal	光线入口
Minrate	最小采样比	No Light	无光线
Maxrate	最大采样比	Store in Irrad Map	保存在发光贴图
Treatglossyrays as GI	将光泽光线视为全局光线	Affect Reflections	影响反射
V-Ray Light Editor	V-Ray 光源编辑器	Subdivs	细分
Enable	开启	Spot Angles	光锥角
Color	颜色	Cone Angle	光锥角度
Intensity	亮度	Penumbra Angle	半影角度

灯光编辑器			
英文菜单	中文对照	英文菜单	中文对照
Units	单位	Linear	线性
Option	选项	Penumbra Falloff	半影衰减
Decay	衰减	Area Specular	区域高光
Inverse Square	平方反比	Legacy Mode	传统模式
Affect Diffuse	影响漫反射	Barn Door Left	仓门左侧
Affect Specular	影响高光	Barn Door Right	仓门右侧
Sampling	采样	Barn Door Bottom	仓门下方
Photon Subdivs	光子细分	Dome Settings	穹顶光源设置
Caustic Subdivs	焦散细分	Use Dome Texture	使用穹顶贴图
Cutoff Threshold	剪切阈值	Dome Texture	穹顶贴图
Shadows	阴影	Texture Resolution	贴图分辨率
Shadow Bias	阴影偏移	Target Radius	目标半径
Shadow Radius	阴影半径	Emit Radius	发射半径
Shadow Subdivs	阴影细分	Spherical	球星
Shadow Color	阴影颜色	Adaptive	自适应
Channels	通道	Ray Distance	光线距离
Light Result	照明结果	Ray Distance Mode	光线距离方式
Raw Light	原态照明	Sphere Segments	光源球体的段数
Diffuse	漫反射	Filter Color	滤镜颜色
Specular	高光		
Use Texture	使用纹理贴图		
Light Texture	光源贴图		
Shadow Subdivs	阴影细分		
Barn Door Effect	仓门效果		
Barn Door on	开启仓门效果		
Barn Door Top	仓门上方		
Default	默认		

参 考 文 献

[1] 李波. SketchUp 8.0 草图大师从入门到精通[M]. 北京：机械工业出版社，2014.

[2] 卫涛，杜华山，唐雪景. 草图大师 SketchUp 应用：快速精通建模与渲染[M]. 武汉：华中科技大学出版社，2016.

[3] 张莉萌. SketchUp+VRay 设计师实战（第 2 版）[M]. 北京：清华大学出版社，2015.

[4] 高云. 从萨沃伊别墅探究勒·柯布西耶的机器美学[J]. 艺术与设计（理论），2012，2（09）：101-103.

[5] 王又佳，孔宇航. 重读萨沃伊[J]. 新建筑，2001（06）：75-78.

[6] 王昀. 勒·柯布西耶的萨沃伊别墅探访[J]. 华中建筑，2001（02）：33-34.

图 索 引

建筑学专业SketchUp+V-Ray实用教程

表　索　引